电力工程管理与新能源发电技术研究

朱耿峰　宋矿利　石浩亮　主编

吉林科学技术出版社

图书在版编目（CIP）数据

电力工程管理与新能源发电技术研究 / 朱耿峰，宋矿利，石浩亮主编．-- 长春：吉林科学技术出版社，2022.9

ISBN 978-7-5578-9758-1

Ⅰ.①电… Ⅱ.①朱…②宋…③石… Ⅲ.①电力工程—工程管理—研究②新能源—发电—研究 Ⅳ.①TM7②TM61

中国版本图书馆 CIP 数据核字 (2022) 第 179487 号

电力工程管理与新能源发电技术研究

主　　编	朱耿峰　宋矿利　石浩亮
出 版 人	宛　霞
责任编辑	乌　兰
封面设计	刘梦杏
制　　版	刘梦杏
幅面尺寸	170mm×240mm　1/16
字　　数	225 千字
页　　数	214
印　　张	13.5
印　　数	1-1500 册
版　　次	2022 年 9 月第 1 版
印　　次	2023 年 3 月第 1 次印刷
出　　版	吉林科学技术出版社
发　　行	吉林科学技术出版社
地　　址	长春市净月区福祉大路 5788 号
邮　　编	130118
发行部电话 / 传真	0431-81629529　81629530　81629531 　　　　　　　81629532　81629533　81629534
储运部电话	0431-86059116
编辑部电话	0431-81629518
印　　刷	三河市嵩川印刷有限公司
书　　号	ISBN 978-7-5578-9758-1
定　　价	95.00 元

版权所有　翻印必究　举报电话：0431-81629508

编委会

主　编　朱耿峰　宋矿利　石浩亮

副主编　李红序　魏先锋　廖彬杰
　　　　　葛懿萱　付　园　高　智
　　　　　刘建林　许世朋　郑少恒
　　　　　杜东岳　吕留兵

编　委　权　伟　李婉霞　曹　锐

前 言

电力工程项目除具有项目的一般特征外,还具有建设周期长、投资巨大、受环境制约性强、与国民经济发展水平关系密切等特点。运用项目管理的理论和方法对电力工程项目实施效率的提高非常重要,不仅具有巨大的商业价值,而且具有重大经济意义和环境意义。但是,传统的电力工程发电对能源的消耗和对环境的污染较大,随着能源问题和环境问题的加重,新能源发电越来越受到重视。同时,物联网技术的不断普及,特别是与信息化的电网相结合后,既促进了智慧电网、智能电网的发展,也为新能源发电技术提供了助力。

电力工程项目管理与新能源发电技术是理论性、综合性和实践性都很强的技术,作者在写作时参阅了大量资料和相关执业资格考试规范,注重理论联系实际和应用性。本书主要有以下三个特点。

(1)系统性。依据电力工程项目管理与新能源发电技术的基本要求和主要内容,组织和设计本书架构,全书结构性完整。

(2)新颖性。特别注重内容的更新,层次分明,条理清晰,逻辑性强,讲解循序渐进。

(3)实用性。紧密联系电力工程项目管理与新能源发电实践,强调内容的针对性和实用性,体现"以能力为本位"的写作指导思想,突出实用性、应用性。

本书首先介绍了电力工程管理与新能源发电的基本知识,然后详细阐述了电力工程成本管理及电网规划、新能源中的风能、海洋能、地热能等发电技术,以适应电力工程管理与新能源发电技术研究的发展现状和趋势。

本书突出了基本概念与基本原理,笔者在写作时尝试多方面知识的融会贯通,注重知识层次递进,同时注重理论与实践的结合。

由于时间仓促和作者水平有限,书中不足之处在所难免,恳请广大读者批评指正。

目 录

第一章 电力工程管理 ……………………………………………………… 1

第一节 电力工程标准化管理 ………………………………………… 1

第二节 电力行业中的标准化 ………………………………………… 3

第三节 配网基建工程的标准化 ……………………………………… 6

第四节 电力工程项目管理组织原理 ………………………………… 16

第五节 电力工程项目管理组织形式 ………………………………… 27

第二章 电力工程成本管理 ………………………………………………… 35

第一节 电力工程项目成本控制概述 ………………………………… 35

第二节 电力工程成本过程管理 ……………………………………… 41

第三节 电力施工项目目标成本控制 ………………………………… 50

第四节 电力企业成本控制的现状及解决路径 ……………………… 55

第三章 高压配电网规划 …………………………………………………… 59

第一节 变电需求估算 ………………………………………………… 59

第二节　变电站布点与设计 …………………………………………… 62

第三节　网络结构 …………………………………………………… 67

第四节　电力线路 …………………………………………………… 71

第五节　中性点接地选择 …………………………………………… 72

第四章　新能源发电基本理论和方法 …………………………………… 75

第一节　发电原理 …………………………………………………… 75

第二节　风能发电的基本理论 ……………………………………… 79

第三节　太阳能发电的基本理论 …………………………………… 82

第四节　燃料电池发电的基本理论 ………………………………… 86

第五章　风能及其发电技术 ……………………………………………… 90

第一节　风及风能 …………………………………………………… 90

第二节　风力发电机、蓄能装置 …………………………………… 110

第三节　并网风力发电机组的设备 ………………………………… 132

第四节　发电技术发展现状及趋势 ………………………………… 144

第六章　海洋能及其发电技术 …………………………………………… 150

第一节　海水温差发电 ……………………………………………… 150

第二节　波力发电 …………………………………………………… 159

第三节　潮汐发电 …………………………………………………… 166

第四节　海流发电 …………………………………………………… 176

第七章　地热能及其发电技术 ……………………………………………… 179

 第一节　地热资源的开发利用 …………………………………………… 179

 第二节　地热发电概况 …………………………………………………… 185

 第三节　地热发电技术 …………………………………………………… 193

 第四节　地热发电技术发展规划 ………………………………………… 200

参考文献 …………………………………………………………………………… 203

第一章　电力工程管理

第一节　电力工程标准化管理

标准化是指在经济、技术、科学及管理等社会实践中，对重复性事物或概念，通过制订、发布和实施标准，以简单化、统一化、系列化、通用化、组合化等作为其主要手段和形式使其达到统一，以获得最佳秩序和社会效益。

标准化管理是随着工业技术发展起来的一种管理方法，它为不同部门之间和企业之间的技术交流和合作提供了一种标准通道，减少了互相适应不同技术标准的麻烦。所谓标准化管理，是指工程运行中，在提出标准化要求、贯彻实施标准和标准化要求的总任务方面，对计划进行组织、协调、控制，并对人员、经费及标准化验证设施等进行的管理。标准化管理的目标是通过对项目管理的环节制定相关标准，使项目管理过程由不标准状态向较标准状态，由较标准状态向更高一级标准状态做有方向的运动。

标准化管理具有计划、组织、指挥、协调和监督五项职能，通过其保证标准化任务的完成。这五项职能相互联系和制约，共同构成一个有机整体。通过计划，确定标准化活动的目标；通过组织，建立实现目标的手段；通过指挥，建立正常的工作秩序；通过监督，检查计划实施的情况，纠正偏差；通过协调，使各方面工作和谐地发展。

一、指挥职能

指挥职能是标准化管理工作的职能之一。其主要是对标准化系统内部各级和各类人员的领导或指导，目的是保证国家和各级的标准化活动按照国家统一计划的要求，相互配合、步调一致，和谐地向前发展。

二、组织职能

组织职能是标准化管理工作的职能之一。其主要是对人们的标准化活动进行科学的分工和协调，合理地分配与使用国家的标准化投资，正确处理标准化部门、标准化人员的相互关系；目的是将标准化活动的各要素、各部门、各环节合理地组织起来，形成一个有机整体，建立起标准化工作的正常秩序。

三、计划职能

计划职能是标准化管理工作的职能之一。其主要是对标准化事业的发展进行全面考虑，综合平衡和统筹安排；目的是把宏观标准化工作和微观标准化工作结合起来，正确地把握未来，使标准化事业能在变化的环境中持续稳定地发展，动员全体标准化人员及有关人员为实现标准化的发展目标而努力。

四、监督职能

监督职能是标准化管理工作的职能之一。其主要是按照既定的目标和标准，对标准化活动进行监督、检查，发现偏差，及时采取纠正措施；目的是保证标准化工作按计划顺利进行，最终达到预期目标，使其成果同预期的目标相一致，使标准化的计划任务和目标转化为现实。

五、协调职能

协调职能是标准化管理的工作职能之一。其主要是协调标准化系统内部各单位、各环节的工作和各项标准化活动，使它们之间建立起良好的配合关系，有效地实现国家标准化的计划与目标。

标准化是指导协调企业管理，扎实巩固企业基础的重要手段。在企业的深化发展中，能够为决策者制定制度，明确发展方向，提供科学的决策依据和重要手段。现代企业的生产是建立在先进技术、严密分工和广泛协作基础上的，其中任何一个环节都需要标准化的规范，从而提高工作质量，实现对生产现场作业安全、质量的可控和在控，并达到技术储备、提高效率、防止再发、教育训练的整体目标。

第二节　电力行业中的标准化

一、电力行业的特性

电力企业有三个特点：一是公用性，电力供应涉及千家万户，是国民经济发展的重要保障；二是垄断性，电力公司在一个区域只有一家，这是中国乃至世界电力企业一个共同的特点，因而电力企业不用进行新产品的研发及推广；三是电能本身不能储存，发、供、用同时完成。基于上述特点分析，对电力企业而言，确保电力供应的安全、可靠，应是电力企业生存和发展的基础。

尽管电力工业的产品十分单一，但其生产过程却相当复杂，各部门之间具有严密的并行协同关系。

改革开放后，我国电力行业加快了改革的步伐，逐渐从高度集权垄断转向市场化竞争，从之前的厂网分离转换到电力企业实体化，随后出现的独立资本等，都可以解释深入改革的步伐在逐渐加快。然而，在电力企业改革的同时，电力企业的结构也发生了根本的变化。与此同时，统一的流程管理标准对于长期处于垄断地位的电力企业各个部门来说是很欠缺的，如技术管理、计划管理、经营用电管理、物资管理等，许多部门的管理流程没有通用的规章制度，这也使得管理难度加大。

二、电力企业的标准化

由于电力行业自身的特性，使电力标准化具有与一般企业标准化管理不同的特性。

近年来，伴随着电力工业的改革与发展，为适应电力市场发展的需要，电力行业不断完善标准化工作网络，加强标准化规章制度建设，同时积极采用国际标准，加快了与国际接轨的步伐。在修订电力生产建设方面的重要标准、明确电力工程建设的技术法规以及推动电力企业标准化体系建设等方面做了大量积极的工作。

电力行业管理标准化可以按照电力工业部标准化管理办法、国家经贸委电力行业标准化管理办法和国家发改委行业标准制定管理办法这三个电力标准化行业规定划分为三个管理层次。其中，国家发改委是电力标准化行政主管部门，国家发改委工业司负责电力标准化的行政管理业务，能源局负责电力标准的技术归口。中电联在国家发改委领导下，负责电力行业标准化的具体组织管理和日常工作。

中华人民共和国标准化法规定：标准化工作的任务是组织制定标准、组织实施标准和对标准的实施进行监督。标准的制定应遵循国家标准、行业标准、地方标准、企业标准、强制性标准以及推荐性标准的制定原则。电力行业法规制度的建立，使电力行业标准化工作有章可循，为顺利开展电力标准化工作提供了制度保证。

我国电力工业标准最初是基于苏联电力工业的标准，制定了与我国电力设计、施工、运行、检修和测试等方面相关的标准，这在确保我国电力工业快速发展和安全发电及供电方面起了重大作用。为了帮助电力企业适应社会主义市场经济体制，满足电力工业的改革和发展的需求，提高电力标准的时效性和电力标准的质量，到现在为止，我国的电力标准共有1 489项，其中电力国家标准有234项，电力行业标准有1 255项。这些标准几乎囊括了电力行业所需要的各个专业，以满足电力企业建设、生产、运营及管理的需求，同时确保电力工程的安全性、经济性和适用性，保证和提高电力工程质量，促进电力工业技术进步，改进服务和产品质量，提高效益全运行，促进科研成果和新技术的推广应用，确保电力系统安全。

电力标准体系可以促进电力工业科技进步，确保电力工程质量和安全，提高生产效率，降低资源消耗，保护环境等，但是它是以相互关联、相互作用的标准集成为特征。单独标准难以独立发挥其效能，若干相互关联相互作用的标准综合集成一个标准体系才能实现一个共同的目标。电力标准体系是一个复杂系统，由许多的单项标准集成，它们要根据各项标准间的相互联系和作用关系，集合组成有机整体。因此，为发挥其系统的有序功能，必须把一个复杂的系统实现分层管理。任何一个系统都不可能是静止的、孤立的、封闭的，电力标准体系只有根据新技术、新材料、新设备和新工艺的出现进行补充和完善，才能满足电力工业发展的需要。把电力标准体系内的标准按一定形式排列起来，并以图表的形式表述出来，便形成了电力标准体系表。它可以作为编制标准制定或修订规划和计划的依据之一，是促进电力标准化工作范围内达到科学合理和有序化的基础，是一种展示包括现有、应有和预计发展标准的全面蓝图，并将随着科学技术的发展而不断地得到更新和充实。

三、电力企业标准化管理的问题

我国电力企业标准化管理在贯彻国家有关部门制定标准的同时，电力企业制定标准的数量和质量逐年提高；同时，将标准化与质量管理和经济责任制挂钩，对产品质量和经济效益的提高起到了重要的作用。近年来，电力企业积极采用国际标准和国外先进标准，增强了企业在国际市场上的竞争能力。然而，在电力企业标准化管理工作大力开展的同时，也暴露出了一些问题。

第一，电力企业管理制度落后和激励机制不健全。电力企业标准化竞争意识不强，导致企业标准化科研成果少。很多企业在标准化管理的推行中直接套用其他企业已经制定或开发的标准体系，并未衡量自身发展情况、管理现状、技术水平是否适用于其他企业已经应用成熟的标准化管理模式。

第二，企业标准体系不健全，基础工作薄弱。电力企业更重视管理标准的制定和贯彻，忽视与管理标准配套的其他技术标准和工作标准，很多标准内容不健全，并未考虑标准与标准之间的联系与制约，导致标准之间的协调性差，不能适用于实际工程建设和管理流程。

第三，落后的设备和技术原因，不善于参照国家标准制定企业内控标准。很多企业生产标准没有安全要求，未考虑影响人身安全、人体健康、环保等方面的问题，试验方法不全、技术条件和试验方法不对应等。

第四，电力企业标准化管理缺乏实际应用。很多企业虽然制定了标准，但在生产和工作中不执行，形同虚设，标准未对企业起到任何作用。企业标准的实施是整个企业标准化管理的一个关键环节，只有在实践中实施才能发挥其应有的作用和效果；只有在贯彻实施中才能对标准的质量做出正确的评价，才能发现标准中存在的问题，从而进行修改和完善，使之对企业的发展产生效益和影响。

第三节 配网基建工程的标准化

一、配网基建工程标准化建设的背景

基建工程标准化是根据国家相关法律、法规规定，行业相关规程、规范及上级制定的工作标准，对工程建设的工作流程、工艺要求和设备材料进行规范，以明确工程的各项要求，达到高效率、高质量的施工效果，具有很强的约束性和严肃性。基建工程的标准化建设管理分为事前控制、事中控制、事后控制三个阶段。其内容均体现在对工程标准化流程的控制和对工程主要技术工艺的管理上，其中包括工程的启动、原材料的购买、出入库的管理、工程设备的管理、现场施工的过程控制、验收工作的移交等多方面的全过程管理。工程标准化建设是按照统一的标准化管理程序和统一的管理内容，对基建工程进行精益化、效率化、标准化、系统化、规模化和规范化的管理，起到减少因标准不明确而引起的各类问题，消除基建工程的安全隐患，提升基建工程的总体水平，起到对基建工程的标准化管理作用。

电网的发展长期以来集中在对输电网的建设上，随着高电压大区域输电网络的形成，与配网投入和建设的不匹配日益显现。配电网方面的技术性能落后及陈旧的设备仍在继续使用，都可能导致频繁发生事故，造成设备的损坏，危及人身财产安全，直接影响人民的生产生活和经济建设的发展。为了满足社会对电能不断增加的需求，并提高企业的经济效益和社会效益，配电设备的技术性能及质量的提高就显得相当重要。如何合理规划、严格工艺标准，从根本上优化电网结构，降损节能，是摆在电力工作者面前的一个重要课题。一套合理完善的配电网工程标准化模式与先进设备的配合使用是提高配电网工程建设安全质量和工艺水平的基础。我国大部分配电网是在城市建设的同时发展起来的，建成时间早，基础设备差，配电网在原来的线路设备基础上进行改造的难度大，资金需求也大，因而做好配电网工程建设的统筹规划就尤为重要。它的标准化体系首先从配电装备上要满足现代城市的发展要求，同时要达到运用先进的技术、运行安全可靠、操作维护方便、经济合理、节约能源等要求，并要符合环境保护的政策。

二、施工准备阶段标准化要求

配网基建工程的标准化管理体系在开工前的准备阶段，需要对项目管理策划、招标管理、建设协调、原材料进场检验、设计交底等进行相应的安排和规定，根据工程特点、投资额度、地理位置及单位实际情况初步制定工程的管理体系，在行政、人事、财务等方面形成垂直领导，做到科学管理、合理调配，达到资源的有效配置。

（一）项目管理策划

遵照上级公司基建部的要求，制定项目管理策划范本；督促项目管理部按照项目管理策划范本，结合工程具体情况，编制项目管理策划。

（二）招标管理

参与制定公司设计、施工、监理招标管理规定，参与相关招标工作；参与审查市公司基建项目物资需求、施工需求、物资类招标文件技术条款，参与相关招标工作。

（三）建设协调

加强与相关部门的汇报沟通，建立各电压等级工程属地化建设协调机制，相关部门应充分利用对外协调优势资源，统一步调，加强地方关系协调，及时解决影响项目进度计划实施的项目核准、征地拆迁、通道手续办理等外部环境问题。推动各级政府制定支持电网建设的相关文件，争取将电网建设工作纳入各级政府责任考核目标。

策划、组织与政府有关部门的座谈交流活动，建立定期协调机制，讨论协调解决措施，主动提出有关建议，积极影响政府的有关政策制定。通过多种途径，及时向上级公司基建部反映建设过程中的困难与问题，并提出解决问题的建议。通过了解各业主项目部在建设过程中的困难与问题，不定期组织公司相关部门，设计、施工、监理单位召开工程建设协调会议，协调解决公司基建项目建设过程中的困难与问题。

（四）施工组织设计

根据确定的项目质量管理目标，各参建单位应进行质量管理策划，形成施工组织设计。施工组织设计应按照质量管理的基本原理编制，有计划、实施、检查及处理四个环节的相关内容，包含质量控制目标及目标体系分解，达成质量目标的质量措施、资源配置和活动程序等。施工组织设计应包括下列内容：编制依据、项目概况、质量目标、组织机构、管理组织协调的系统描述、必要的质量控制手段、检验和试验程序等，确定关键过程和特殊过程及作业的指导书，与施工过程相适应的检验、试验、测量、验证要求，更改和完善质量计划的程序等。施工组织设计一般由施工项目部总工组织编制，合同单位技术负责人审批，报送项目监理部审查。

（五）设计交底及施工图纸会审

工程设计是决定工程质量的关键环节，设计质量决定着项目建成后的使用功能和使用寿命，设计图纸是施工和验收的重要依据。因此，必须对设计图纸质量进行控制，开工前应进行设计交底和施工图会议审查。不经会审的施工图纸不得用于施工。设计交底在施工图会审前进行，目的是使参建各方透彻地了解设计原则及质量要求。设计交底一般由建设单位组织，也可委托监理单位组织。

设计单位交底一般包括以下内容。

（1）设计意图、设计特点及应注意的问题。

（2）设计变更的情况及相关要求。

（3）新设备、新标准、新技术的采用和对施工技术的特殊要求。

（4）对施工条件和施工中存在问题的意见。

（5）施工中应注意的事项。

施工图纸交付后，参建单位应分别进行图纸审查，必要时进行现场核对。对于存在的问题，应以书面形式提出，在施工图审查会议上研究解决，经设计单位书面解释或确认后，才能进行施工。

图纸会审由各参建单位各级技术负责人组织，一般按班组到项目部，由专业到综合的顺序逐步进行。图纸会审由建设单位（或委托监理单位）组织各参建单位参加，会审成果应形成会审纪要，分发各方执行。

（六）原材料进场检验管理

材料合格是工程质量合格的基础。工程原材料、半成品材料、构配件必须在进场前进行检验或复检，不合格材料应进行标识，严禁用于工程半成品、构配件。

（七）特殊作业人员资格审查

人的行为是影响工程质量的首要因素。某些关键施工作业或操作，必须以人为重点进行控制，确保其技术素质和能力满足工序质量要求。对从事特殊作业的人员，必须持证上岗。监理应对此进行检查与核实。

（八）设备开箱检验管理制度

设备开箱检验由施工或建设（监理）单位供应部门主持，建设、监理、施工、制造厂等单位代表参加，共同进行。检验内容包括核对设备的型号、规格、数量和专用工具、备品、备件数量等是否与供货清单一致，图纸资料和产品质量证明资料是否齐全，外观有无损坏等。检验后做记录。引进设备的商品检验按订货合同和国家有关规定办理。

三、施工过程标准化管理

（一）施工流程及关键环节标准化控制

基建工程标准化作业的过程中，要针对工程进度、合同管理、现场旁站和巡视制定相应的管理制度，使工程进度和质量满足设计要求。

1.施工进度管理

严格按照合理工期编制进度计划、组织工程建设，工程建设强制性规范、"标准工艺"中有明确保证质量的最低周期要求的建设环节，必须保证相应工序的施工时间。在项目因前期或不可控因素受阻拖期时，要对投产日期进行相应调整。对于缩短工期的工程，必须制定保障安全质量和工艺的措施并落实相关费用，履行审批手续并及时变更相关合同后方可实施。

根据公司要求，指定统一格式，组织各项目负责人对下一年度的基建进度计划进行编制；会同发展策划部、生产技术部、调度中心、招投标管理中心、各供电公司、各业主项目部、设计、监理等单位，召开专题会议，评审下一年度基建进度计划；按照合理工期，对项目"可研批复、初步设计、招标、开工、施工、交货、验收、投产、竣工决算"逐月排定进度；将公司年度基建进度计划报上级公司基建部审批，并按要求进行调整；汇总各业主项目当月进度计划执行情况，公司直属业主项目部、各供电所签订建设管理委托协议时，将每个项目的计划进度要求作为重要条款；每月对计划完成情况进行统计、分析；每半年对进度计划进行同业对标考核；以公司文件形式印发各供电所当月计划执行情况，并下达下月计划；对未完成计划的单位进行通报。

2.合同管理

参与制定公司设计、施工、监理合同范本；制定公司建设管理委托合同范本；定期抽查市公司直属业主项目部、各供电分公司建设管理委托合同执行情况；要求各业主项目部定期上报设计、施工、监理单位合同执行情况。

3.项目管理综合评价

制定项目管理综合评价指标与评价标准，组织各业主项目部进行工程总结及自评。按照国家电网公司、市公司优质工程评价方法开展工程综合评价工作，并择优推荐项目参加更高级别奖项的评选。

4.施工技术交底制度

施工技术交底是施工工序中的首要环节，施工作业前应做好技术交底工作，对技术交底工作进行监督。做好施工技术交底工作是取得好的工程质量的一个重要前提条件。施工技术交底的目的是使管理人员了解项目工程的概况、技术方针、质量目标、计划安排和采取的各种重大措施，使施工人员了解其施工项目的工程概况、内容和特点、施工目的，明确施工过程、施工办法、质量标准等，做到心中有数。技术交底应注重实效，必须有的放矢，内容充实，具有针对性和指导性。要根据施工项目的特点、环境条件、季节变化等情况确定具体办法和方式。项目技术负责人应向承担施工的负责人或分包人进行书面技术交底，并履行交底人和被交底人全员签字手续。在每一分项或关键工程开始前，必须进行技术交底；未经技术交底不得施工。监理应对技术交底工作进行监督。

5.设计变更管理制度

经批准的设计文件是施工及验收的主要依据。施工单位应按图施工,建设(监理)单位应按图验收,确保施工质量。但在施工过程中,由于前期勘察设计的原因,或由于外界自然条件的变化,未探明的地下障碍物、管线、文物、地质条件不符等,以及施工工艺方面的限制、建设单位要求的改变等,均会涉及设计变更。设计变更的管理也是施工过程质量管理的一项重要内容。

6.旁站、巡视监理制度

旁站是指在关键部位或关键工序施工过程中由监理人员到现场进行的质量监督活动。在施工阶段,很多工程质量问题都是由于现场施工操作不当或不符合规程、标准所致,抽样检验和取样操作如果不符合规程及质量标准的要求,其检验结果也同样不能反映实际情况,只有监理人员现场旁站监督与检查才能发现问题并有效控制。巡视是监理人员对正在施工的部位或工序现场进行的定期或不定期的质量监督活动。它不限于某一部位或过程,是不同于旁站的"点"的活动,是一种"面"上的活动,使监理人员有较大的监督活动范围,对及时发现违章操作和不按设计要求、不按施工图纸、不按施工规范、不按施工规程或不按质量标准施工的现象进行严格的控制和及时的纠正,能有效地避免返工和加固补修。

7.工序质量交接验收管理制度

上道工序应满足下道工序的施工条件和要求。各相关专业工序交接前,应按过程检验和试验的规定进行工序的检验和试验,对查出的质量缺陷及时处置。上道工序不合格,严禁进入下道工序施工。

8.见证取样送检管理制度

为确保工程质量,国家建设部规定,对工程材料、承重结构的混凝土试块、承重墙体的砂浆试块、结构工程的受力钢筋(包括接头)实行见证取样。见证是由监理现场监督施工单位某工序全过程完成情况的活动。见证取样是对工程项目使用的材料、半成品、购配件进行现场取样,对工序活动效果进行检查和实施见证。实施见证取样时,监理人员应具备见证员资格,取样人员应具备取样员资格,双方到场,按相关规范要求,完成材料、试块、试件的取样过程,并将样品装入送样箱或贴上专用加封标志,然后送往试验室。

9.原材料跟踪管理办法

为了使工程质量具有可追溯性,应制定工程原材料使用跟踪管理办法。

（二）安全质量问题与事故处理管理制度

1.质量事故报告制度

当在工程建设过程中出现质量事故后，应根据质量事故性质，分级上报，并进行事故原因调查分析。工程事故（事件）由安监部门归口进行调查处理和责任追究；工程建设或工程质量原因引起的安全生产事故（事件）要追究工程建设阶段相关单位和人员的责任。对负有事故责任的公司所属施工、监理等工程参建单位，除按合同关系追究责任外，还要按内部管理关系追究责任，性质严重的要追究到责任主体的上级单位。对于性质特别严重的事故，施工项目部应在24小时内同时报告主管部门、项目监理部、建设单位、电力建设工程质量监督机构，并于5日内由项目部质量管理部门写出质量事故报告，经项目部经理和总工程师审批后报上级公司质量管理部门、建设单位、项目监理部、主管部门。

2.工程质量问题处理制度

按照国家电网公司安全事故调查规程等的相关规定，以管理权限、工作职责为依据，合理界定工程建设安全质量事故（事件）的责任，依据国家相关法规明确和细化公司安全质量事故（事件）的分级分类，规范各级事故（事件）的报告、调查流程，明确处理原则。

工程质量问题是由工程质量不合格或工程质量缺陷引起的，在任何工程施工过程中，由于种种主观和客观原因，出现不合格项或质量问题往往难以避免。建立工程质量主要责任单位和责任人员数据库，对工程投运后的质量状况进行跟踪评价，主体工程、主要设备在设计使用年限内发生质量问题，通过对主要责任单位和人员在公司进行通报、在资信评价中扣分、在评标环节对其进行处罚、依法进行索赔等措施，追究相关单位和人员的责任。

对于质量问题，应本着"安全可靠，技术可行，经济合理，满足工程项目的功能和使用要求，不留隐患"的原则，按照质量问题的性质和处理权限进行处理。按照工程建设合同中的工程质量违约索赔条款，发生质量违约行为后，除了采取扣除质量保证金等手段外，对工程质量事故或缺陷造成的各类直接经济损失，由相应的勘察设计、设备制造、施工安装等责任单位依法按合同约定进行赔偿。重大质量事故处理方案应经项目监理部审核、建设单位审批。质量问题处理完毕，应经监理检查验收，实现闭环管理。

3.质量问题闭环管理制度

将工程创优、质量事故控制、"标准工艺"应用等重要质量指标细化分解,明确各项目的具体工程质量控制目标,将相应的责任落实到具体单位与人员,对质量目标完成情况进行全面考核。对未能完成工程质量目标的单位,通过"说清楚"等方式查明原因,进行通报批评,纳入同业对标与业绩考核。工程实际质量指标明显低于控制目标时,在对主要责任人员的绩效考核、项目管理岗位任职等方面,实行工程质量责任"一票否决"。

对于各类质量问题及其处理结果,项目质量管理部门要建立质量问题台账记录,予以保存。应利用台账记录,定期进行质量分析活动,采取预防措施,避免同类事故再次发生。重大质量事故处理方案及实施结果记录应由项目质量管理部门存档和竣工移交。

4.施工质量责任及考核管理制度

完善资信评价管理办法,对施工、设计、监理、物资供应等单位的安全管理、产品或服务质量、履约能力等进行评价,定期发布资信评价结果,纳入合同管理与招标评标工作。明确各参建单位项目质量管理各级人员的质量责任和具体分工负责范围,充分利用同业对标、综合评价以及各项规章制度中明确的评价手段,做到责任落实到人,避免职责不清、管理职能重复。对公司项目前期、工程前期、工程建设各阶段工程安全质量责任落实情况的绩效评价,利用中间评价结果改进相应环节的管理工作,将最终评价结果与业绩考核、表彰奖励等管理手段中的奖惩措施挂钩。建立科学、合理的考评标准,对其工作质量进行考核,体现"凡事有人负责、凡事有人监督"的原则。施工项目部质量管理责任人包括项目经理、项目总工、专职质检员、班组(施工队)兼职质检员、施工作业人员等。项目监理部质量管理责任人包括项目总监理工程师、专业监理工程师、监理员等。设计项目部质量管理责任人包括项目经理、项目总工、项目设计负责人等。

建立健全的施工质量管理体系对于取得良好的施工质量效果具有重要的保证作用。质量管理体系包括项目质量管理组织机构、管理职责、各项质量管理制度、管理人员及专职质检员、兼职质检员、取样员、测量员的上岗资格等。监理应审查施工项目部建立的质量管理体系,对其完善性和符合性进行审核,以确定其能否满足工程质量管理的需要,并对人员到岗情况进行核查。项目监理机构也应建立和完善自身的质量监控体系。

对达标投产、优质工程标准和具体评价指标的研究，按年度滚动更新具体考核内容。严格按规定开展优质工程自查，发挥总部、分部一体化的工程质量管理优势，适当增加优质工程抽查范围、比例和批次，确保严格落实优质工程考核标准。加强达标创优成果的应用，在后续工程建设中积极应用创优经验、改进工作质量，研究达标创优考核与各级验收相结合的机制，加强对验收工作质量的评价与考核，强化过程质量管理。

在工程施工环节中，质量监督员重点检查工程"三措一案"编制是否合理，工程是否按照设计执行，材料质量是否合格，工程质量（重点是隐蔽工程）是否符合规程要求，施工工艺是否美观。项目开工后，质量监督员应通过进入施工现场进行监测、监察、拍照、录像等形式，对基础工程、主体工程、隐蔽工程以及影响施工功能、安全性能的重要部位、主要工序进行监督检查或抽查。质量监督专责对工程施工环节进行质量督查应不少于2次，督查应填写工程质量督查记录。

保证工程分包单位的质量，是保证工程施工质量的前提条件之一。在施工承包合同允许分包的范围内，总承包单位在选择分包单位时应审查分包单位的基本情况，包括企业资质、技术实力、以往工程业绩、财务状况、施工人员的技术素质和条件等。

监理应审查分包单位施工组织者、管理者的资质与质量管理水平，特殊专业工种和关键施工工艺或新技术、新工艺、新材料等应用方面操作者的素质与能力；审查分包的范围和工程部位是否可以分包，分包单位是否具有按承包合同规定的条件完成分包工程任务的能力。

施工机械设备的技术性能、工作效率、可靠性及配置的数量等，对施工质量有很大影响。合理选择施工机械的性能参数，要与施工对象特点及质量要求相适应，其良好的可用状态也是工程质量的保证条件。施工项目部应建立施工机械维修保养管理制度。项目监理部应对投入的施工机械性能、数量及完好的可用状态进行核查。

四、工程质量检验及竣工验收

（一）工程检验及验收管理制度

工程竣工验收应按照检验项目、检验批、分项、分步、单位工程的顺序进行逐级检查验收。工程竣工验收制度应明确工程检验批、分项、分步、单位工程的划分；检验项目的性能特征及重要性级别；检验方法和手段；各级质量检验的程度和抽检方案、比例；检验所依据的工程质量标准和评价标准；验收应具备的条件、程序和组织方式等内容。

（二）工程档案资料管理制度

以河北省电力公司农网改造升级为例。该档案资料统一、规范，结合农村电网改造升级工程的实际，在总结农网完善工程和县城电网改造工程档案管理经验的基础上，编制了河北省电力公司农村电网改造升级工程档案目录。一般配网工程项目档案以下列几个方面为标准。

（1）必须保证档案与工程实施同步建立。

（2）保证档案资料的原始性、规范性和完整性，并达到标准化的要求。

（3）农村电网改造升级工程档案要专柜永久保存。

（4）竣工验收程序制度要系统、详细。

单位工程竣工后，进行最终检验和试验，以确定工程项目达到的质量标准和质量目标。规定竣工验收的程序，应包括施工单位的质量三级检验、监理单位的竣工初验制度、启动验收的组织方式及验收程序。

第四节　电力工程项目管理组织原理

项目是一种被承办的旨在创造某种独特产品或服务的临时性努力，或者说，包括人在内的一切资源聚合在一起是为了完成项目独特的目标。如果把电力建设项目视为一个系统，如苏州华能二期火电建设项目、广州抽水蓄能电站项目、小浪底枢纽工程建设项目等，其建设目标能否实现无疑有诸多的影响因素，其中组织因素是决定性的因素。电力工程项目管理组织包括项目组织和参与各方的组织两种，其中项目组织是基础。

一、电力工程项目组织的概念及特点

（一）电力工程项目组织的概念

"组织"一词一般有两个意义：其一是"组织工作"，表示对一个过程的组织，对行为的筹划、安排、协调、控制和检查，如组织一次会议，组织一次活动；其二为结构性组织，是人们（单位、部门）为某种目的以某种规则形成的职务结构或职位结构，如项目组织、企业组织。

项目组织是指从事项目具体工作的组织。电力工程项目组织是指为完成特定的电力工程项目任务而建立起来的，从事电力工程项目具体工作的组织。它是由主要负责完成电力工程项目分解结构图中的各项工作任务的个人、单位、部门组合起来的群体，包括业主、电力工程项目管理单位（咨询公司、监理单位）、设计单位、施工单位、材料及设备供应单位等，有时还包括为电力工程项目提供服务的政府部门或与电力工程项目有某些关系的部门，如电力工程项目质量监督部门、质量监测机构、鉴定部门等。

电力工程项目组织是为完成一次性、独特性的电力工程项目任务设立的，是一种临时性的组织，在电力工程项目结束以后，项目组织的生命就终结了。

（二）电力工程项目组织的特点

电力工程项目组织不同于一般的企业组织、社团组织和军队组织，它具有自身的特殊性，这个特殊性是由电力工程项目的特点决定的，主要表现为以下特征。

1. 目的性

电力工程项目组织是为了完成电力工程项目的总目标和总任务而设置的，项目的总目标和总任务是决定电力工程项目组织结构和组织运行的最重要的因素。电力工程项目建设的参与方来自不同的企业或部门，它们各自有独立的经济利益和权力，各自有不同的目标，都是为了完成自己的目标而承担一定范围的电力工程项目任务，从而保证项目总目标的实现。

2. 一次性

电力工程项目建设是一次性任务，为了完成电力工程项目的目标和任务而建立起来的电力工程项目组织也具有一次性。电力工程项目结束或相应项目任务完成后，电力工程项目组织就解散或重新组成其他项目组织。

3. 项目组织具有柔性

项目组织是柔性组织，具有高度的弹性、可变性。项目组织中的成员随着项目任务的承接和完成，以及项目的实施过程进入或退出项目组织，或承担不同的角色，因此，项目的组织随着项目的不同实施阶段而变化。

4. 电力工程项目组织与企业组织之间存在复杂的关系

电力工程项目的组织成员是由各参与企业委托授权的机构组成，项目组织成员既是本项目组织成员，又是原所属企业中的成员，所以无论是企业内的项目，还是由多企业合作进行的电力工程项目，企业与电力工程项目组织之间都存在复杂的关系。

企业组织是现存的，是长期稳定的组织，电力工程项目组织依附于企业组织。企业组织对电力工程项目组织影响很大，企业的战略、运营方式、企业文化、责任体系、运行和管理机制、承包方式、分配方式会直接影响到电力工程项目组织效率。从管理方面看，企业是电力工程项目组织的外部环境，电力工程项目管理人员来自企业；电力工程项目组织解体后，其人员返回企业。对于多企业合作进行的电力工程项目，虽然电力工程项目组织不是由一个企业组建，但是它依附于企业，受到企业的影响。

5.电力工程项目分解结构制约电力项目的组织结构

通过电力工程项目分解结构得到的所有单元都必须落实到具体的承担者，所以电力工程项目的组织结构受到电力工程项目分解结构的制约，后者决定了项目组织成员在组织中所应承担的工作任务，决定了组织结构的基本形态。项目组织成员在项目组织中的地位不是由它的企业规模、级别或所属关系决定的，而是由它从电力工程项目分解结构中分解得到的工作任务所决定的。

二、电力工程项目组织设计

电力工程项目组织设计是一项复杂的工作，因为影响电力工程项目的因素多、变化快，导致项目组织设计的难度大，因此在进行电力工程项目组织设计工作的过程中应从多方面进行考虑。

首先，从项目环境的层次来分析，电力工程项目组织设计必须考虑有一些与项目利益相关者的关系是项目经理所不能改变的，如贷款协议、合资协议等。

其次，从项目管理组织的层次来分析，对于成功的项目管理来说，以下三点是至关重要的：第一，项目经理的授权和定位问题，即项目经理在企业组织中的地位和被授予的权力如何；第二，项目经理和其他控制项目资源的职能经理之间良好的工作关系；第三，一些职能部门的人员如果也为项目服务时，既要竖向地向职能经理汇报，同时也能横向地向各项目经理汇报。

最后，从项目管理协调的层次来分析，在电力工程项目组织设计中，对于电力工程项目实施组织的设计主要立足于项目的目标和项目实施的特点。

（一）电力工程项目组织设计依据

1.电力工程项目组织的目标

电力工程项目组织是为达到电力工程项目目标而有意设计的系统，电力工程项目组织的目标实际上就是要实现电力工程项目的目标，即投资、进度和质量目标。为了形成一个科学合理的电力工程项目组织设计，应尽量使电力工程项目组织目标贴和项目目标。

2.电力工程项目分解结构

电力工程项目分解结构是为了将电力工程项目分解成可以管理和控制的工作

单元，从而能够更容易、准确地确定这些单元的成本和进度，同时明确定义其质量的要求。更进一步讲，每一个工作单元都是项目的具体目标"任务"，它包括五个方面的要素。

（1）工作任务的过程或内容。

（2）工作任务的承担者。

（3）工作的对象。

（4）完成工作任务所需的时间。

（5）完成工作任务所需的资源。

（二）电力工程项目组织设计原则

在进行电力工程项目组织设计的时候，要参照传统的组织设计的原则，并结合电力工程项目组织自身的特点。通过对每个组织的使命、目标、资源条件和所处环境的特点进行分析，结合一个组织的工作部门、工作部门的等级以及管理层次和管理幅度设计，根据各个工作部门之间内在的关系的不同，构建适合该电力工程项目组织。具体应遵循以下原则。

1.目的性原则

建设电力工程项目组织机构设置的根本目的是产生高效的组织功能，实现电力工程项目管理总目标。从这一根本目标出发，就要求因目标而设定工作任务，因工作任务设定工作岗位，按编制设定岗位人员，以职责定制度和授予权力。

2.专业化分工与协作统一的原则

分工就是为了提高电力工程项目管理的工作效率，把为实现电力工程项目目标所必须做的工作按照专业化的要求分派给各个部门以及部门中的每个人，明确他们的工作目标、任务及工作方法。分工要严密，每项工作都要有人负责，每个人负责他所熟悉的工作，这样才能提高效率。

3.管理跨度和分层统一的原则

进行电力工程项目组织结构设置时，必须要考虑适中的管理跨度，要在管理跨度与管理层次之间进行权衡。管理跨度是指一个主管直接管理下属人员的数量，受单位主管直接有效的指挥、监督部署的能力限制。跨度大，管理人员的接触关系增多，处理人与人之间关系的数量随之增大。最适当的管理跨度设计并无一定的法则，一般是3~15人：高阶层管理跨度约为3~6人，中阶层管理跨度约为5~9人，低阶层管理跨度约为7~15人。

4.弹性和流动的原则

电力工程项目的单一性、流动性、阶段性是其生产活动的主要特点，这些特点必然会导致生产对象在数量、质量和地点上有所不同，带来资源配置上品种和数量的变化。这就强烈需要管理工作人员及其工作和管理组织机构随之进行相应调整，以使组织机构适应生产的变化，即要求按弹性和流动的原则进行电力工程项目组织设计。

5.统一指挥原则

电力工程项目是一个开放的系统，由许多子系统组成，各子系统间存在着大量的结合部。这就要求电力工程项目组织也必须是一个完整的组织机构系统，科学合理地分层和设置部门，以便形成互相制约、互相联系的有机整体，防止结合部位上职能分工、权限划分和信息沟通等方面的相互矛盾或重叠，避免多头领导、多头指挥和无人负责的现象发生。

（三）电力工程项目组织设计的内容

在电力工程项目系统中，最为重要的就是所有电力工程项目有关方和他们为实现项目目标所进行的活动。因此，电力工程项目组织设计的主要内容就包括电力工程项目系统内的组织结构设计、组织分工设计和工作流程设计。

1.组织结构设计

电力工程项目的组织结构主要是指电力工程项目是如何组成的，电力工程项目各组成部分之间由于其内在的技术或组织联系而构成一个项目系统。影响组织结构的因素很多，其内部和外部的各种变化因素发生变化，会引起组织结构形式的变化，但是主要还是取决于生产力的水平和技术的进步。组织结构的设置还受组织规模的影响，组织规模越大、专业化程度越高，分权程度也越高。组织所采取的战略不同，组织结构的模式也会不同，因此组织战略的改变必然会导致组织结构模式的改变；组织结构还会受到组织环境等因素的影响。

2.组织分工设计

组织分工是指根据电力项目的目标和任务，先进行工作分解得到工作分解结构（Work Breakdown Structure，WBS），然后根据分解出来的工作确定相应的组织分解结构（Organizational Breakdown Structure，OBS）。OBS也是一个完整的树状结构，它与项目的工作分解结构WBS相对应。项目中的每一项任务都有相应的组织来负责完成。通过项目的组织分解结构明确任务的执行者，明确各级的责任分工。组织分工包括对工作管理职能分工和管理任务分工。管理职能分工是通过对管理者管理任务的划分，明确其管理过程中的责权意识，有利于形成高效精干的组织机构。管理任务分工是项目组织设计文件的一个重要组成部分，在进行管理任务分工前，应结合项目的特点，对项目实施的各阶段费用控制、进度控制、质量控制、信息管理和组织协调等管理任务进行分解，以充分掌握项目各部分细节信息，同时有利于在项目进展过程中的结构调整。

3.组织流程设计

组织流程主要包括管理工作流程、信息流程和物资流程。管理工作流程主要是指对一些具体的工作，如设计工作、施工作业等的管理流程。信息流程是指组织信息在组织内部传递的过程。信息流程的设计就是将项目系统内各工作单元和组织单元的信息渠道，其内部流动着的各种业务信息、目标信息和逻辑关系等作为对象，确定在项目组织内的信息流动的方向、交流渠道的组成和信息流动的层次。在进行组织流程设计的过程中，应明确设计重点，并且要附有流程图。流程图应按需要逐层细化，如投资控制流程可按建设程序细化为初步设计阶段投资控制流程图和施工阶段投资控制流程图等。按照不同的参建方，他们各自的组织流程也不同。

（四）电力工程项目管理组织部门划分的基本方法

电力工程项目管理组织部门划分的实质是根据不同的标准，对电力项目管理活动或任务进行专业化分工，从而将整个项目组织分解成若干个相互依存的基本管理单位——部门。不同的管理人员安排在不同的管理岗位和部门中，通过他们在特定环境、特定相互关系中的管理作业使整个项目管理系统有机地运转起来。

分工的标准不同，所形成的管理部门以及各部门之间的相互关系也不同。组织设计中通常运用的部门划分标准或基本方法有按职能划分和按项目结构划分。

1.按职能划分部门

按职能划分部门是一种传统的、为许多组织所广泛采用的划分方法。这种方法是根据生产专业化的原则，以工作或任务的相似性来划分部门的。这些部门可以被分为基本的职能部门和派生的职能部门。对于企业组织而言，通常认为那些直接创造价值的专业活动所形成的部门为基本的职能部门，如开发、生产、销售和财务等部门；其他的一些保证生产经营顺利进行的辅助或派生部门有人事、公共关系、法律事务等部门。对项目组织而言，根据项目管理任务的性质，按照职能通常可划分为征地拆迁部门、土建工程部门、机电工程部门、物资采购部门、合同管理部门、财务部门等基本职能部门和行政后勤、人力资源管理等辅助职能部门。

按职能划分部门的优点在于遵循分工和专业化的原则，有利于人力资源的有效利用和充分发挥专业职能，使主管人员的精力集中在组织的基本任务上，从而有利于目标的实现，简化了培训工作。其缺点在于各部门负责人长期只从事某种专门业务的管理，缺乏整体和全局观念，就不可避免地会从部门本位主义的角度考虑问题，从而增加了部门间协调配合的难度。

2.按项目结构划分部门

对于某些大型工程枢纽或项目群而言，各个单项工程（单位工程）或由于地理位置分散，或由于施工工艺差异较大，或由于工程量太大，以及工程进度又比较紧张，常常要分成若干标段分别进行招标，此时为便于项目管理，组织部门可能会按照项目结构划分。

按项目结构划分部门的优点在于有利于各个标段合同工程目标的实现，有利于管理人才的培养。其缺点在于可能需要较多的具有像总经理或项目经理那样能力的人去管理各个部门，各部门主管也可能从部门本位主义的角度考虑问题，从而影响项目的统一指挥。

三、电力工程项目组织结构的形式

不论是业主的项目管理、设计单位的项目管理、监理的项目管理，还是承包商的项目管理，均需建立一个科学的管理组织机构，这是实施项目管理的基础。项目组织规划设计的目的是在一定的要求和条件下，制定出一个能实现项目目标的理想的管理组织机构，并根据项目管理的要求，确定各部门职责及各职位间的关系。

由于目标、资源和环境差异，找出理想的组织形式是很困难的。每一种组织形式有各自优缺点和适合的场合。因此在进行电力工程项目组织设计时，要具体问题具体分析，选择恰当的组织结构形式。随着社会生产力水平的提高和科学技术的发展，还将产生新的结构。在这里仅介绍几种典型的基本形式。

（一）直线式组织结构

直线式组织结构是一种线性组织机构，它的本质就是使命令线性化，即每一个工作部门、每一个工作人员都只有一个上级。直线式组织结构具有结构简单、职责分明、指挥灵活等优点；缺点是项目负责人的责任重大，往往要求他是全能式的人物。为了加快命令传递的过程，直线式组织系统就要求组织结构的层次不要过多，否则会妨碍信息的有效沟通。因此，合理地减少层次是直线式组织系统的一个前提。同时，在直线式组织系统中，根据理论和实践，一般不宜设副职，或少设副职，以有利于线性系统有效地运行。

（二）职能式组织结构

职能式组织结构的特点是强调管理职能的专业化，即将管理职能授权给不同的专门部门，这样有利于发挥专业人才的作用，有利于专业人才的培养和技术水平的提高，同时也是管理专业化分工的结果。然而，职能式组织系统存在着命令系统多元化的弊端，各个工作部门界限也不易分清，发生矛盾时协调工作量较大。

采用职能式组织结构的企业在进行项目工作时，各职能部门根据项目的需要承担本职能范围内的工作。或者说，企业主管根据项目任务需要从各职能部门抽调人员及其他资源组成项目实施组织，如要开发新产品，就可能从设计、营销及生产部门各抽调一定数量人员组成开发小组。但是这样的项目实施组织界限并不十分明确，小组成员需完成项目中本职能的任务，但他们并不脱离原来的职能部门，项目实施工作多属于兼职工作性质。这种项目实施组织的另一特点是没有明确的项目主管或项目经理，项目中各种协调职能只能由职能部门的部门主管或经理来协调。

职能式组织结构的主要优点是有利于企业技术水平提升，资源利用灵活、成本低，有利于从整体协调企业活动；主要缺点是协调的难度大，项目组成员责任淡化。

（三）直线－职能式组织结构

直线-职能式组织结构吸取了直线式和职能式的优点，并形成了其自身具有的优点。它把管理机构和管理人员分为两类：一类是直线主管，即直线式的指挥结构和主管人员，他们只接受一个上级主管的命令和指挥，并对下级组织发布命令和进行指挥，而且对该单位的工作全面负责；另一类是职能参谋，即职能式的职能结构和参谋人员。他们只能给同级主管充当参谋、助手，提出建议或提供咨询。这种结构的优点是既能保持指挥统一，命令一致，又能发挥专业人员的作用；管理组织系统比较完整，隶属关系分明；重大方案的设计等有专人负责；能在一定程度上发挥专长，提高管理效率。其缺点是管理人员多，管理费用大。

（四）项目式组织结构

项目式组织结构是按项目来划归所有资源，即每个项目有完成项目任务所必需的所有资源。项目实施组织有明确的项目经理（项目负责人），对上直接接受企业主管或大项目经理领导，对下负责本项目资源运作以完成项目任务。每个项目组之间相对独立。

项目式组织结构的优点是：目标明确，统一指挥；有利于项目控制；有利于全面型人才的成长。其缺点是：易造成结构重复及资源的闲置；不利于企业专业技术水平提高；具有不稳定性。

（五）矩阵式组织结构

职能式组织结构和项目式组织结构各有其优缺点，而职能式组织结构的优点与缺点正好对应项目式组织结构的缺点与优点。矩阵式组织结构就能较好地弥补这两种组织结构的不足。其特点是将按照职能划分的纵向部门与按照项目划分的横向部门结合起来，以构成类似矩阵的管理系统。

在矩阵式组织中，项目经理在项目活动的内容和时间上对职能部门行使权力，各职能部门负责人决定"如何"支持，项目经理直接向高层管理负责，并由高层管理授权。职能部门只能对各种资源做出合理的分配和有效的控制调度。

矩阵式组织结构是第二次世界大战后首先在美国出现的，它是为适应在一个组织内同时有几个项目需要完成，而每个项目又需要有不同专长的人在一起工作才能完成这一特殊的要求而产生的。

1.矩阵式组织结构的优点

矩阵式组织结构的优点主要表现在以下几个方面。

（1）沟通良好

它解决了传统模式中企业组织和项目组织相互矛盾的状况，把职能原则与对象原则融为一体，求得了企业长期例行性管理和项目一次性管理的统一。

（2）能实现高效管理

能以尽可能少的人力，实现多个项目（或多项任务）的高效管理。因为通过职能部门的协调，可根据项目的需求配置人才，防止人才短缺或无所事事，项目组织因此就有较好的弹性和应变能力。

（3）有利于人才的全面培养

不同知识背景的人员在一个项目上合作，可以使他们在知识结构上取长补短，拓宽知识面，提高解决问题的能力。

2.矩阵式组织结构的缺点

矩阵式组织结构的缺点主要表现在以下几个方面。

（1）双重领导削弱项目的组织作用。由于人员来自职能部门，且仍受职能部门控制，这样就影响了他们在项目上积极性的发挥，项目的组织作用大为削弱。

（2）双重领导造成矛盾。项目上的工作人员既要接受项目上的指挥，又要受到原职能部门的领导，当项目和职能部门发生矛盾时，当事人就难以适从。要防止这一问题的产生，必须加强项目和职能部门的沟通，还要有严格的规章制度和详细的计划，使工作人员尽可能明确干什么和如何干。

（3）管理人员若管理多个项目，往往难以确定管理项目的先后顺序，有时难免会顾此失彼。

四、电力工程项目组织结构的选择

在电力工程项目管理时，电力工程项目组织结构形式没有固定的模式，一般视项目规模大小、技术复杂程度、环境情况而定。大修、定检、小型技改，工作负责人就可兼职项目协调员，可不单独设项目经理。较大的大修、技改、扩建、新建项目就设立专门的组织机构，并配置相应的专职人员。

电力工程项目组织结构的选择就是要决定电力工程项目实现与企业日常工作的关系问题，即使对有经验的专业人士来说也非容易之事。前面虽然介绍了五种可选择的电力项目组织结构形式，但很难说哪一种最好、哪一种最优，因为一是难以确定衡量选择标准，二是影响项目成功的因素很多，因此即使采用同一组织，结果也可能截然不同。

（一）电力工程项目组织结构形式选择的影响因素

（1）工程项目影响因素的不确定性。
（2）技术的难易和复杂程度。
（3）工程的规模和建设工期的长短。
（4）工程建设的外部条件。
（5）工程内部的依赖性等。

（二）电力工程项目组织结构形式选择的基本方法

（1）当项目较简单时，选择直线式组织结构形式可能比较合适。
（2）当项目的技术要求较高时，采用职能式组织结构形式会有较好的适应性。
（3）当公司要管理数量较多的类似项目，或复杂的大型项目分解为多个子项目进行管理时，采用矩阵式组织结构会有较好的效果。

在选择电力工程项目的组织结构时，首要问题是确定将要完成的工作的种类，这一要求最好根据项目的初步目标来完成；然后确定实现每个目标的主要任务；接着，要把工作分解成一些"工作集合"；最后可以考虑哪些个人和子系统应被包括在项目内，附带还要考虑每个人的工作内容、个性和技术要求以及所要面对的客户。上级组织的内外环境是一个应受重视的因素。在了解了各种组织结构和它们的优缺点之后，公司就可以选择能实现最有效工作的组织结构形式了。

（三）选择项目组织结构形式的程序

（1）定义项目：描述项目目标，即所要求的主要输出。
（2）确定实现目标的关键任务，并确定上级组织中负责这些任务的职能部门。

（3）安排关键任务的先后顺序，并将其分解为工作集合。

（4）确定为完成工作集合的项目子系统及子系统间的联系。

（5）列出项目的特点或假定，例如，要求的技术水平、项目规模和工期的长短，项目人员可能出现的问题，涉及的不同职能部门之间可能出现的政策上的问题和其他有关事项，包括上级部门组织项目的经验等。

（6）根据以上考虑，并结合对各种组织形式特点的认识，选择出一种组织形式。

（四）职能式、项目式和矩阵式的比较

正如人们所说，管理是科学也是艺术，而艺术性正体现在灵活恰当地将管理理论应用于管理实践中去。由于项目的内外环境复杂性及每种组织形式的优劣，使得几乎没有普遍接受、步骤明确的方法来告诉人们如何决定组织结构。具体采用何种组织结构，只能说是项目管理者知识、经验及直觉等的综合结果。

一般来说，职能式组织结构较适用于规模较小、偏重于技术的项目，不适用于环境变化较大的项目。由于环境的变化，需要各职能部门间的紧密配合，而职能部门本身存在的权责界定成为部门间不可逾越的障碍。当一个公司中包括许多相似的工程项目或项目的规模较大、技术复杂时，则应选择项目式的组织结构，与职能式相比，在应对不稳定的环境时，项目式组织结构显示出了自己潜在的长处，这主要是项目团队的整体性和各类人才的紧密合作。同前两种组织形式相比，矩阵式组织形式在充分利用企业资源上显示出了巨大的优越性，其融合了两种结构的优点，在进行技术复杂、规模巨大的项目管理时呈现出了明显的优势。

第五节　电力工程项目管理组织形式

电力工程项目管理组织主要是由完成电力工程项目管理工作的人、单位、部门组织起来的群体。通常，业主、承包商、设计单位、供应商都有自己的项目管理组织。所以电力工程项目管理组织是分具体对象的，如业主的电力工程项目管

理组织、项目管理公司的电力工程项目管理组织、承包商的电力工程项目管理组织，这些组织之间有各种联系，有各种管理工作、责任和任务划分，形成项目总体的管理组织系统。

电力工程项目管理组织形式也称电力工程项目管理方式、项目发包方式，是指电力工程项目建设参与方之间的生产关系，包括有关各方之间的经济法律关系和工作（或协作）关系。电力工程项目管理组织形式的选择决定于电力工程项目的特点、业主/项目法人的管理能力和工程建设条件等方面。目前，国内外已形成多种工程项目管理方式，这些管理方式还在不断地得到创新和完善。下面介绍几种国内外常用的工程项目管理方式。

一、设计－招标－建造方式

设计－招标－建造方式（Design-Bid-Build，DBB）这种工程项目管理方式在国际上最为通用，世界银行、亚洲开发银行贷款项目和采用国际咨询工程师联合会合同条件的国际工程项目均采用这种模式。在这种方式中，业主委托建筑师/咨询工程师进行前期的各项工作，如投资机会研究、可行性研究等，待项目评估立项后再进行设计，业主分别与建筑师/咨询工程师签订专业的服务合同。在设计阶段的后期进行施工招标的准备，随后通过招标选择施工承包商，业主与承包商签订施工合同。在这种方式中，施工承包又可分为总包和分项直接承包。

（一）施工总包

施工总包（General Contract，GC）是一种国际上最早出现，也是目前广泛采用的工程项目承包方式。它由项目业主、监理工程师（The Engineer或Supervision Engineer）、总承包商（General Contractor）三个经济上独立的单位共同来完成工程的建设任务。

在这种项目管理方式下，业主首先委托咨询、设计单位进行可行性研究和工程设计，并交付整个项目的施工详图，然后业主组织施工招标，最终选定一个施工总承包商，与其签订施工总包合同。在施工招标之前，业主要委托咨询单位编制招标文件、组织招标、评标、协助业主定标签约。在工程施工过程中，监理工程师严格监督施工总承包商履行合同。业主与监理单位签订委托监理合同。

在施工总包中，业主只选择一个总承包商，要求总承包商用本身力量承担其中主体工程或其中一部分工程的施工任务。经业主同意，总承包商可以把一部分专业工程或子项工程分包给分包商（Sub-Contractor）。总承包商向业主承担整个工程的施工责任，并接受监理工程师的监督管理。分包商和总承包商签订分包合同，与业主没有直接的经济关系。总承包商除组织好自身承担的施工任务外，还要负责协调各分包商的施工活动，起总协调和总监督的作用。

随着现代建设项目规模的扩大和技术复杂程度的提高，对施工组织、施工技术和施工管理的要求也越来越高。为适应这种局面，一种管理型、智力密集型的施工总承包企业应运而生。这种总承包商在承包的施工项目中自己承担的任务越来越少，而将其中大部分甚至全部施工任务分包给专业化程度高、装备好、技术精的专业型或劳务型的承包商，他自己主要从事施工中的协调和管理。

施工总包项目管理方式具有下列特点。

1.施工合同单一，业主的协调管理工作量小

业主只与施工总包商签订一个施工总包合同，施工总包商全面负责协调现场施工，业主的合同管理、协调工作量小。

2.建设周期长

施工总包是一种传统的发包方式，按照设计–招标–施工循序渐进的方式组织工程建设，即业主在施工图设计全部完成后组织整个项目的施工发包，然后中标的施工总包商组织进点施工。这种顺序作业的生产组织方式工期较长，对工业工程项目而言，不利于新产品提前进入市场，易失去竞争优势。

3.设计与施工互相脱节，设计变更多

工程项目的设计和施工先后由不同的单位负责实施，沟通困难，设计时很少考虑施工采用的技术、方法、工艺和降低成本的措施，工程施工阶段的设计变更多，不利于业主的投资控制和合同管理。

4.对设计深度要求高

要求施工详图设计全部完成，能正确计算工程量和投标报价。

（二）分项直接承包

分项直接承包是指业主将整个工程项目按子项工程或专业工程分期分批，以公开或邀请招标的方式，分别直接发包给承包商，每一子项工程或专业工程的发包均有发包合同。采用这种发包方式，业主在可行性研究决策的基础上，首先要

委托设计单位进行工程设计，与设计单位签订委托设计合同。在初步设计完成并经批准立项后，设计单位按业主提出的分项招标进度计划要求，分项组织招标设计或施工图设计，业主据此分期分批组织采购招标，各中标签约的承包商先后进点施工，每个直接承包的承包商对业主负责，并接受监理工程师的监督，经业主同意，直接承包的承包商也可进行分包。在这种模式下，业主根据工程规模的大小和专业的情况，可委托一家或几家监理单位对施工进行监督和管理。业主采用这种建设方式的优点在于可充分利用竞争机制，选择专业技术水平高的承包商承担相应专业项目的施工，从而取得提高质量、降低造价、缩短工期的效果。但和总承包制相比，业主的管理工作量会增大。

分项直接发包项目管理方式具有下列特点。

1.施工合同多，业主的协调管理工作量大

业主要与众多的项目建设参与者签约，特别是要与多个施工承包商（供应商）签约，施工合同多，界面管理复杂，沟通、协调工作量大，而且分标数量越多，协调工作量越大。因此，对业主的协调管理能力有较高的要求。

2.利用竞争机制，降低合同价

采用分项发包，每一个招标项目的规模相对较小，有资格投标的单位多，能形成良好的竞争环境，降低合同价，有利于业主的投资控制。但是，分标项目过多时，项目实施中的协调工作量很大，合同管理成本较高。

3.可以缩短建设周期

采用分项招标往往在初步设计完成后就可以开始组织招标，按照"先设计、后施工"的原则，以招标项目为单元组织设计、招标、施工流水作业，使设计、招标和施工活动充分搭接，从而可以缩短工期。

4.设计变更多

采用分项发包，设计和施工分别由不同的单位承担，设计施工互相脱节，设计者很少考虑施工采用的工艺、技术、方法和降低成本的措施，特别是在大型土木建筑工程中，往往在初步设计完成后，依据深度不足的招标设计进行招标，在施工中设计变更多，不利于业主的投资控制。

二、设计-施工总包

在设计-施工总包（Design-Build，DB）中，总承包商既承担工程设计，又承担施工任务，一般都是智力密集型企业，如科研设计单位或设计、施工单位联营体，具有很强的总承包能力，拥有大量的施工机械和经验丰富的技术、经济、管理人才。他可能把一部分或全部设计任务分包给其他专业设计单位，也可能把一部分或全部施工任务分包给其他承包商，但他与业主签订设计-施工总承包合同，向业主负责整个项目的设计和施工。DB模式的基本出发点是促进设计与施工的早期结合，以便有可能充分发挥设计和施工双方的优势，提高项目的经济性，一般适用于建筑工程项目。

这种把设计和施工紧密地结合在一起的方式，能起到加快工程建设进度和节省费用的作用，并使施工方面新技术结合到设计中去，也可加强设计施工的配合和设计施工的流水作业。但承包商既有设计职能，又有施工职能，使设计和施工不能相互制约和把关，这对监理工程师的监督和管理提出了更高的要求。

在国际工程承包中，设计施工总包是当前的发展趋势，其应用范围已从住宅工程项目延伸到石油化工、水电、炼钢和高新技术项目等，设计施工总包合同金额占国际工程承包合同总金额的比例稳步上升。据统计，美国排名前400位的承包商的利税值的1/3以上均来自设计施工合同。设计施工总包目前在我国尚处于初步实践阶段，已有少数工程采用了这种建设模式，如浙江省石塘水电站工程和山西垣曲的中条山供水工程等，由设计单位实行设计-施工总包，取得了良好的效果，为在我国应用设计-施工总包建设方式率先进行了探索。

三、CM模式

（一）CM模式的内涵

CM（Construction Management）模式，就是在采用快速路径法进行施工时，从开始阶段就选择具有施工经验的CM单位参与到建设工程实施过程中来，以便为设计人员提供施工方面的建议且随后负责管理施工过程。目的是考虑到协调设计、施工的关系，以在尽可能短的时间内，高效、经济地完成工程建设的任务。

CM模式改变了过去那种设计完成后才进行招标的传统模式，采取分阶段发包，由业主、CM单位和设计单位组成一个联合小组，共同负责组织和管理工程的规划、设计和施工。CM单位负责工程的监督、协调及管理工作，在施工阶段定期与承包商会晤，对成本、质量和进度进行监督，并预测和监控成本及进度的变化。

（二）CM模式的类型

按照模式的合同结构，CM模式有两种形式，即代理型CM和非代理型CM，也分别称为咨询型CM和承包型CM，业主可以根据项目的具体情况加以选用。不论哪一种情况，应用CM模式都需要有具备丰富施工经验的高水平的CM单位，这可以说是应用CM模式的关键和前提条件。

（三）CM模式和传统的总承包方式的比较

CM模式和传统的总承包方式相比，不同之处在于不是等全部设计完成后才开始施工招标，而是在初步设计完成以后，在工程详细设计进行过程中分阶段完成施工图纸。如基础土石方工程、上部结构工程、金属结构安装工程等均能单独成为一套分项设计文件，分批招标发包。

CM模式的主要优点是，虽然设计和施工时间未变化，却缩短了完工所需要的时间。CM模式可以适用于设计变更可能性较大的建设工程；时间因素最为重要的建设工程；因总的范围和规模不确定而无法准确定价的建设工程。

四、项目管理模式

项目管理（Project Management，PM）模式，是近年来国际流行的建设管理模式，该模式是项目管理公司（一般为具备相当实力的工程公司或咨询公司）受项目业主委托，根据合同约定，代表业主对工程项目的组织实施进行全过程或若干阶段的管理和服务。项目管理公司作为业主的代表，帮助业主做项目前期策划、可行性研究、项目定义、项目计划，以及工程实施的设计、采购、施工、试运行等工作。

根据项目管理公司的服务内容、合同中规定的权限和承担的责任不同，项目管理模式一般可分为两种类型。

（一）项目管理承包型

在该种类型中，项目管理公司与项目业主签订项目管理承包合同，代表业主管理项目，而将项目所有的设计、施工任务发包出去，承包商与项目管理公司签订承包合同。但在一些项目上，项目管理公司也可能会承担一些外界及公用设施的设计/采购/施工工作。这种项目管理模式中，项目管理公司要承担费用超支的风险，当然，若管理得好，利润回报也较高。

（二）项目管理咨询型

在该种类型中，项目管理公司按照合同约定，在工程项目决策阶段，为业主编制可行性研究报告，进行可行性分析和项目策划；在工程项目实施阶段，为业主提供招标代理、设计管理、采购管理、施工管理和试运行（竣工验收）等服务，代表业主对工程项目进行质量、安全、进度、费用等管理。这种项目管理模式风险较低，项目管理公司根据合同承担相应的管理责任，并得到相对固定的服务费。

从某种意义上说，CM模式与项目管理模式有许多相似之处。如CM单位也必须要由经验丰富的工程公司担当；业主与项目管理公司、CM单位之间的合同形式都是一种成本加酬金的形式，如果通过项目管理公司或CM单位的有效管理使投资节约，项目管理公司或CM单位将会得到节约部分的一定比例作为奖励。但CM模式与项目管理模式的最大不同之处在于：在CM模式中，CM单位虽然接受业主的委托，在设计阶段提前介入，给设计单位提供合理化建议，但其工作重点是在施工阶段的管理；而项目管理模式中的项目管理公司的工作任务可能会涉及整个项目建设过程，从项目规划、立项决策、设计、施工到项目竣工。

五、一体化项目管理模式

随着项目规模的不断扩大和建设内容的日益复杂，近年来，国际上出现了一种一体化项目管理的模式。一体化项目管理模式是指业主与项目管理公司在组织结构上、项目程序上，以及项目设计、采购、施工等各个环节上都实行一体化运作，以实现业主和项目管理公司的资源优化配置。实际运作中，常常是项目业主和项目管理公司共同派出人员组成一体化项目联合管理组，负责整个项目的管理工作。一体化项目联合管理组成员只有职责之分，而不究其来自何方。这样项目业主既可以利用项目管理公司的项目管理技术和人才优势，又不失去对项目的决策权，同时也有利于业主把主要精力放在专有技术、资金筹措、市场开发等核心业务上，有利于项目竣工交付使用后业主的运营管理，如维修、保养等。我国近年来在石油化工行业中开始探索一体化项目管理模式,并取得了初步的实践经验。

六、工程项目总包模式

工程项目总包(Engineering Procurement and Construction,EPC)也称一揽子承包,或叫"交钥匙"(Turn-key)承包。这种承包方式,业主对拟建项目的要求和条件只概略地提出一般意向,而由承包商对工程项目进行可行性研究,并对工程项目建设的计划、设计、采购、施工和竣工等全部建设活动实行总承包。

第二章 电力工程成本管理

第一节 电力工程项目成本控制概述

一、电力工程项目成本管理的特点

工程项目施工成本管理是指施工企业以施工过程中的直接耗费为原则,以货币为主要计量单位,对项目从开工到竣工所发生的各项收支进行全面系统的管理,以实现项目施工成本最优化的过程。它包括落实项目施工责任成本,制订成本计划,分解成本指标,进行成本控制、成本核算、成本考核和成本监督的过程。

电力施工企业项目成本管理的特点包括过程方面和知识领域方面。

在过程方面,由于电力施工企业是劳动密集型的企业,其项目成本管理过程基本上是围绕施工成本管理进行,因此从过程上看,电力施工企业项目成本管理与项目施工过程是紧密结合的,或者反过来,电力施工企业的工程施工很大程度上是以项目的形式进行的。

在知识领域方面,电力施工企业项目管理的知识领域虽然可以纳入一般项目成本管理的知识领域,但又有其自身的专业特点,每个知识领域都包含关于质量、安全、工期等方面的专业知识领域。

二、电力工程项目成本管理的重点

通过以上对项目施工成本管理基础理论的研究,结合电力施工企业工程项目成本管理的特点,笔者认为电力施工企业工程项目成本管理主要是项目施工成本的管理，重点应放在施工阶段，放在项目经理部。也就是说，以项目经理部为考核单位进行成本管理，具体管理过程包括确定责任成本与签订责任成本书，确定成本目标和编制成本计划，加强过程控制和进行项目施工质量、工期、成本的综合平衡管理等内容。通过对电力施工企业工程项目成本管理过程中如下内容的重点研究，希望对改进电力施工企业的项目成本管理工作能够起到一点帮助作用。

（一）电力施工企业工程项目成本管理的重点环节

电力施工企业工程项目成本管理的重点环节包括：
（1）公司制定项目施工责任成本并下达给项目经理部。
（2）项目经理部编制项目施工成本计划、确定目标成本。
（3）项目经理部在施工阶段对工程项目施工成本进行过程控制。
（4）进行项目施工质量、工期、成本的综合平衡管理。

（二）电力施工企业工程项目成本管理的重点内容

电力施工企业工程项目成本管理的重点内容包括：
（1）材料管理。
（2）人工成本管理。

三、电力工程项目成本管理的技术方法

立足于项目成本的构成及电力施工项目的特征，针对电力施工行业的全局性成本管理状况加以探讨和论述，归纳出电力施工行业成本控制的普遍性方法，并提出切实可行的改良计划。

（一）成本分析表法

所谓成本分析表法，就是利用数据表格的制定，搜集、分析和总结电力工程成本的全部管理措施。例如，日报表、周报表、月报表、季度报表、年度报表及实时数据表等。报表的书写及递交都必须严格依照准确性、可靠性和客观性的原则进行。

日报表和周报表的书写和递交历经时间相对短暂，同详细而完整的月报表相比，日报表和周报表具有更高的指向性。也就是说，日报表和周报表是以电力工

程项目的一个关键环节的全部流程为目标进行报表的书写，或者是以电力工程项目的容易超支项目为目标进行报表的书写。例如，工程材料费和政策处理费等。对于日报表和周报表来说，其最显著的特征在于报表书写的实时性，并不延迟。项目管理部门应当对每日的项目进展及成本的产生状况加以实时追踪，尽可能在第一时间定位项目的漏洞之处，制定并落实针对性的应对措施。因此，成本分析表法是使管理人员切实了解项目的实时进度和成本状况的最直接方法。

成本分析表法具有几大显著优势：实时性、非静态性、有效性、可定位性、便利性及直观性。成本分析表法是被电力工程用于成本控制的最为常见的方法。然而，成本分析表法在成本与工期、安全及质量相互关系方面并未给予足够的关注，没有有力的综合管理框架，在现实操作中，极易出现落实不到位的问题。

（二）偏差法

所谓偏差法，就是立足于目标成本，通过一定的统计方法（比较法、因素分析法及比率法）将现实结果同预期目标的差距计算出来，并利用差距追源和差距走向的分析，确定并落实针对性的解决方案。偏差法的宗旨在于实现预期成本目标，对工程项目执行科学、合理的管理。

电力施工项目用于成本控制的偏差法可以归为三种：实际偏差法、计划偏差法及目标偏差法。所谓实际偏差法，是指计算出实际成本支出同预期成本目标之间的差距；所谓计划偏差法，是指计算出预期成本目标同计划成本支出之间的差距；所谓目标偏差法，是指计算出现实成本支出同计划成本支出之间的差距。三种偏差法的目的是统一的，即减小差距值，使成本被控制在可接受的范畴，从而为预期成本目标的实现提供保障。

在电力施工项目当中采取偏差法进行成本控制时，能够把现实成本支出同计划成本目标的走向以曲线图的方式加以呈现，进而开展统计分析——依照曲线图判断在未来的项目进展过程中，现实成本支出的变化方向。偏差法的显著优势在于：利用计算整体费用支出受每类成本费用支出的作用大小，进而明确地追踪到导致差距拉大的根源所在，从而制定并落实高针对性的整改方案。偏差法的显著劣势在于：计划成本支出是立足于一成不变的工序持续时间而计算出的结果，但是在现实操作中，相当一部分工序的开工时间和完工时间均处于持续的变化中，因此应当将时间的影响纳入考量。

（三）成本累计香蕉曲线法

所谓成本累计香蕉曲线法，是将一定时期内全部工序产生的成本费用支出进行加总，并且将每个时期的成本费用支出逐步加总，从而计算出每个时期的累计成本费用支出额度。在展现工程项目全部成本费用支出状况时，通常采用成本累计香蕉曲线法。出于规避工序时间不固定所造成的影响的考虑，成本累计香蕉曲线法选择以最早开工（完工）时间和最迟开工（完工）时间来实现成本累计曲线的绘制。

假如现实成本费用支出曲线徘徊于香蕉图形边界范围之内，那么反映了工程项目的成本费用支出处于合理的、可接受的范围之内。在此状况下，采取匹配的偏差法均能利用工序开工（完工）时间的改变，达到有效控制成本的目的。假如现实成本费用支出曲线徘徊于香蕉图形边界范围之外，那么反映了工程项目的成本费用支出已经显著超出预期范围，需要管理人员对其给予足够的关注，并且马上追踪造成实际成本费用支出出现明显差距的根源：预期成本费用支出目标的不合理计算，或者现实成本费用支出没有得到有效控制。假如是由于预期成本费用支出目标的不合理计算所致，那么就要重新计算预期成本费用支出目标、制订成本费用支出计划，并且以新的数据为基础再次绘制香蕉曲线图；假如是由于现实成本费用支出没有得到有效控制所致，那么就要通过曲线出现较大偏差的时间节点追踪到根源工序，制定并落实有针对性的处理方案：改变工序开工（完工）时间，或者制定并落实成本治理措施。

四、电力工程项目成本管理的必要性

目前，国家对于电力施工项目给予了高度的关注，电力市场呈现供不应求的紧俏形势，电力施工行业具有较为明朗的整体局势。对于电力施工项目来说，有效的成本控制通常是被项目管理部门所疏漏的重要内容。其主要通过下述内容得以呈现：机械设备的过剩配置、工程材料在运输过程和仓储环节出现大量的浪费、差旅费和招待费支出不合理等。当处于开放性的市场竞争环境中，较高的工程项目成本报价会使电力施工企业在严峻的行业竞争中一击毙命。唯有将施工项目成本加以有效控制，方能提升电力施工企业在行业竞争中的核心竞争能力。

与此同时，受地方保护及相关利益方的影响，地方政府的干预和相关部门的不作为，常常导致电力施工项目的实践频频受限。导致上述现象出现的原因除外在作用，还有一定的内部原因：招投标竞争持续严峻、内部成本持续走高、利润不断下降、经营业绩持续低迷等。所以，当目前外在因素无法得到扭转之时，电力施工企业应当亟待解决下述问题：强化内部管理力度，增强操作效率，将施工成本控制在最合理的范围。

五、电力工程项目成本管理的影响因素

所谓工程成本控制，是指项目管理部门在产生成本费用支出的全过程，出于降低成本费用支出的目的，对成本费用支出采取估算、计划、落实、核算等一系列措施，对人力、财力、物力的支出状况加以管理和控制，并最终达到预期成本费用目标。工程成本控制所采取的成本监督和成本检查，都是针对产生成本的环节而言。产生成本并非一个静态的过程，因此，相应的成本控制同样是一个非静态的过程。基于此原因，工程成本控制又可称作"成本过程控制"。

对于施工企业的成本控制工作来说，工程成本控制发挥着至关重要的作用。高水平的成本控制能够使施工企业的利润得到大幅度的提升，使企业在行业竞争中具有较好的竞争优势。工程成本能够直接体现施工企业的操作水平：较少的成本费用支出体现了施工企业在实践过程中对工程材料和人力进行了良好的控制，也就是说，施工企业的操作效率、固定资产使用率以及工程材料的利用率均得到了有效的提升。

依照工程成本的要素组成状况，确定对每一组成本要素的管控措施。首先，以保障施工项目的质量、工期及安全等为宗旨；其次，在众多成本控制方法当中，选择最为匹配、最为有效的方法予以落实。因为施工项目的现实条件千差万别，应当根据对工程成本具有显著作用的组成要素确定详细的成本控制方案。因此，成本控制方案一定要同电力施工项目的现实条件相吻合。下面以直接工程费为例，详细论述工程成本的影响要素。直接工程费涵盖人工费、材料费和机械使用费，三项费用都有其各自的影响要素。

（一）人工费影响要素分析

对于人工费来说，需要将施工单位同建设单位签署的合同纳入考量。施工单

位应当依照合同所规定的计价方式，确定施工工作者的具体成分及整体队伍的人员配置。在此环节，用于参考的标准有招投标文件、签署的合同条款、企业内部机制、施工项目的现实条件及设计方案等。在对人工费具有影响作用的众多因素中，分包队伍是其中一项较为关键的内容。项目分包通常需要通过招投标环节完成，劳务分包大都是以工作量综合单价或者总价包干等方式进行，最好采取固定总价的分包手段，尽量规避劳务分包费超出计划的问题。劳务分包合同要立足于分包内容的边界及施工图的预算额度签署，无论在哪种条件下，分包合同的额度都不得高于施工图的预算额度。在施工项目的实践中，应对劳务分包的具体活动及现实的成本费用支出状况加以严格管控，由项目管理者对竣工工序的工作量和质量加以敲定和检查，当确认无误后，再支付合同规定的额度。假如产生了现实的成本费用支出高于施工图预算额度的问题，需要及时开展分析和追踪，落实后续工序的整改措施。在针对人工费的影响要素展开分析时，需要对潜在性的隐患因素给予足够的关注，坚决抵制超出合同范畴的用工体制。

（二）材料费影响要素分析

对于材料费来说，其关键之处在于确定材料的配置方案。材料的配置方案是立足于工程材料的需求状况并且参照工程项目的工期计划综合得出的。工程材料的消耗量受到多种因素作用，如材料配置方案的详细程度和可操作性、材料配置方案的确定周期。通常而言，材料配置方案既不应当过早确定，也不应当过晚确定，应当在恰当的时期确定材料配置方案。假如材料配置方案过早确定，那么巨大的工程材料使用量会导致严重的库存囤积压力，使得仓储成本费用支出上升，工程材料损耗加大，但是对于某些较为紧俏的工程材料来说，应当给予足够的裕度，从而规避由于工程材料的供给不足所导致的停工、窝工问题，防止工程项目进度成本费用的上升。对于施工环节，工程材料的领取模式同样具有相当关键的作用，应当采取限额领取、实时登记的手段，将工程材料的使用量加以有效控制。电力施工项目需要确定各工序的工程材料领取限额，并且根据限额的规定开展工程材料的配置。当工程材料的领取量高于工程材料领取限额，那么申领者必须递交详细说明，并且由管理者确认后予以发放。在对材料费具有影响作用的众多因素中，工程材料的计量是其中一项较为关键的内容，计量数一定要准确无误。假如没有精确地计算混凝土和砂浆的配比，就会造成水泥消耗量的上升；假如钢材的强度系数没有达到要求，那么就会造成超重的问题。因此，用于计量的器械一定要由有关机构进行检测，且未超出有效期。与此同时，应当对用于计量的器械和方法加以严格管控。

在对工程材料价格具有影响作用的众多因素中，采购合同是其中一项较为关键的内容。工程材料的价格是在材料的采购过程中按照合同的要求得出的，并且工程材料的采购价格应当尽可能地控制在计划价格范围之内。除此之外，市场对材料费的影响作用同样应当得到关注。由于经济环境和市场结构处于非固定状态，因此工程材料的价格极易出现明显波动。电力施工项目的采购部门应当充分了解市场动态，掌握价格的变化趋势，进而改进采购流程，将工程材料的价格和运输成本费用支出减到最少。

（三）机械使用费影响要素分析

对于机械费来说，其关键之处是计划的确定和租赁的模式。在电力施工项目实践之前的成本估算及方案确定环节，应当将机械设备的租赁期限及租赁价格纳入考量。通常来说，电力施工项目的实践过程应当严格依照成本支出计划进行，就机械设备的配置状况和价格等加以实时追踪，坚决杜绝挪用机械设备、闲置机械设备等问题的出现。机械设备的租赁模式较为多样化，既可以是经营租赁，也可以是融资租赁。就某些高针对性的机械设备来说，能够由分包队对其加以管控，并且定额包干的额度一定不得高于成本费用支出目标。

第二节　电力工程成本过程管理

一、工程项目施工责任成本的确定

施工项目的责任成本也称项目施工责任总额，是由公司组织有关部门根据中标通知书、工程项目施工组织设计、企业施工预算定额、项目经理责任制、项目施工成本核算制等企业管理制度、市场信息等，根据工程不同的类别及特点，确定的项目施工成本的上限。项目施工责任成本是企业在划分经营效益和管理效益的基础上，以项目预计发生和控制为原则，将施工成本开支经测算后以内部责任合同形式下达给项目经理部的施工成本控制总额，是项目经理部制订施工目标成本和进行成本管理的基础依据。因此，如何合理地确定项目施工责任成本是搞好项目施工成本管理的关键。

（一）工程项目责任成本的确定依据

（1）公司与客户签订的合同和相关文件。
（2）施工图预算或投标报价书。
（3）经公司生产技术部及客户、监理批准的施工设计。
（4）施工劳务分包合同、构件等外协加工合同。
（5）施工所在地的材料、设备等价格信息或规定。
（6）公司项目管理有关规定。包括项目经理部人员配备制度、工资制度、奖惩制度、现场临时设施规定、费用开支规定等。

（二）工程项目责任成本的确定

1.人工费的确定

人工费的核算，应根据公司与分包单位签订的合同中的规定基数，采取定额人工×市场单价、平方米单价包干、预算人工费×（1+取费系数）等方法。零星用工可包含在单价内或按一定的系数包干。选用分包队伍及确定人工费用应通过招标确定。

2.材料费的确定

材料费包括构成工程实体的材料费、周转工具费、辅助施工的低值易耗品等。

（1）主要材料费，主要指构成工程实体的消耗材料。

$$材料费=\Sigma（预算用量\times 单价） \quad (2-1)$$

$$预算用量=实际工程量\times 企业施工定额材料消耗量 \quad (2-2)$$

（2）小型零星材料费（含水电费），主要指辅助施工的低值易耗品及定额中没有单列的小型材料，其费用可按定额含量乘适当的降低系数包干使用或按经验数据测算包干。

（3）周转材料的降低是降低施工成本的重要方面。周转材料的确定有两种方法：一是按预算定额含量乘适当的降低系数包干使用，降低系数可根据企业多年来的历史数据或类似工程的经验数据确定；二是根据施工方按确定计划用量，再根据计划用量与租赁单价的乘积来确定。

3.机械费的确定

机械费包括定额机械费和大型机械费。定额机械费主要指中小型机械费，如电焊机、弯管机、套丝机等。大型机械费主要包括运费及其安装、运输、拆除、基础制作等。

（1）定额机械费：由于数额不大，可根据实际工程量和相关定额中的机械费计取。

（2）大型机械费：大型机械费也是降低施工成本的重要方面。由于大型机械价值都较高，电力施工企业在满足电力施工资质要求设备的基础上大多采用租赁的形式。该费用应根据施工方案要求配备的数量，结合工程结构特点和工期要求，经综合分析后确定。

大型机械费=大型机械租赁费＋大型机械进出场费、安拆费及基础费　（2-3）

大型机械租赁费=租赁机械台数×租赁月数×月租赁费　　（2-4）

或大型机械租赁费=租赁机械台数×台班数×台班单价　　（2-5）

大型机械进出场费、安拆费及基础费，按计划发生费用计算。安装工程一般包括起重机械、卷扬机、室外电梯等。

机械费一次确定，无特殊情况实际发生差异，不予调整。

4.其他直接费的确定

其他直接费包括冬雨季施工费、二次搬运费、生产工具用具使用费、检验试验费、保险费、工程定位复测费、场地清理费等。施工责任成本中的其他直接费的核定，应编制计划，列项测算。若列项测算有困难，也可以按现行施工图预算费用定额中的其他直接费，划分一定比例列入项目施工责任成本，即

项目施工责任成本其他直接费=施工图预算其他直接费×比例系数　（2-6）

5.现场经费的确定

现场经费根据直接发生的原则,一般包括临建设施费、管理人员工资、业务招待费、办公费、交通费等。

(1)临建设施费

根据工程规模、工期等要求,经工程部门审批的施工组织设计提供的临设平面图,由经营部按施工现场临设平面图计算临设费列入现场经费。

(2)管理人员工资

根据企业项目管理有关规定,按工程项目规模及项目管理要求,由人力资源部确定项目部组成人员,并按当前工资水平,确定月度工资总额,按合同工期计算工资总支出,该工资指项目部完成项目管理责任后应发放的工资,不含超额完成项目管理责任中施工成本降低率后提取的奖金。

(3)办公费和物料消耗

办公费和物料消耗指为直接组织项目施工发生的办公费和物料消耗,可按工程规模和人均标准执行。

(4)交通费

交通费指工地与公司之间的交通费和办理与工程有关事宜所需交通费,应按工程规模、地点、项目部人数确定。

(5)业务招待费

按工程规模和特点包干使用。

二、工程项目成本计划的编制

电力施工企业在工程项目施工过程中要通过有效的管理活动,使各种生产要素按照一定的目标运行,使工程的实际成本能够控制在预定的计划成本范围内。成本计划是目标成本的一种表达形式,是建立项目成本管理责任制、开展成本控制和核算的基础,是进行成本费用控制的主要依据。根据施工企业的特点,工程施工成本计划包括施工期内的项目施工成本总计划和月度成本计划。目标成本,即项目施工成本总计划确定的施工成本支出,是由项目经理部组织有关人员根据工程实际情况和具体施工方案在责任成本基础上,通过先进管理手段和技术改进措施进一步降低成本后确定的项目经理部内部成本指标。项目施工成本总计划一般应在开工前制订,应具有一定的指导性和真实性。成本计划的精确与否、能否根据工程实际情况及时进行调整，是目标成本管理的关键。

（一）工程项目成本计划的编制依据、内容和方法

1. 电力施工企业在编制项目成本计划时的主要依据

（1）工程承包范围、发包方的项目建设纲要、功能描述书。

（2）工程招标文件、承包合同、劳务分包合同及其他分包合同。

（3）项目经理部与公司签订的责任成本书及公司下达的成本降低额、降低率和其他有关经济技术指标。

（4）承包工程的施工图预算、施工预算、实施项目的技术方案和管理措施。

（5）施工项目使用的机械设备生产能力及利用情况。

（6）施工项目的材料消耗、物资供应、劳动工资及劳动效率等计划资料及相关消耗量定额。

（7）同类项目成本计划的实际执行情况及有关技术经济指标的完成情况的分析资料。

（8）电力施工行业中同类项目的成本、定额、技术经济指标资料及增产节约的经验和措施。

2. 成本计划的内容

根据承包工程范围的不同，项目成本计划所包括的内容也有所不同。例如，电力工程全过程总承包项目成本计划应包括勘查、设计、采购、施工的全部成本；设计、采购、施工总承包项目计划成本应包括相应阶段的成本。电力施工企业是电力工程项目的施工单位，因此其项目计划成本主要包含项目施工成本。项目施工成本是从项目工程成本中划分出来的由项目经理部负责的那一部分成本，项目施工总成本计划应按照招标文件的工程量清单确定。

项目成本计划一般由直接成本计划和间接成本计划组成。

（1）直接成本计划

直接成本计划主要反映项目直接成本的预算成本、计划降低额及计划降低率。主要包括项目的成本目标及核算原则、降低成本计划表或总控制方案、对成本计划估算过程的说明及对降低成本途径的分析等。

（2）间接成本计划

间接成本计划主要反映项目间接成本的计划数及降低额，在计划制订时，成本项目应与会计核算中间成本项目的内容一致。此外，项目成本计划还应包括项目经理对可控责任目标成本进行分解后形成的各个实施性计划成本，即各责任中心的责任成本计划。责任成本计划又包括年度、季度和月度责任成本计划。

3.成本计划的编制方法

成本计划的编制方法一般有目标利润法、技术进步法、按实计算法等。目前较多采用按实计算法和技术进步法。技术进步法是以项目计划采取的技术组织措施和节约措施所能取得的经济效果为项目成本降低额，求得项目目标成本的方法。

（二）成本计划的编制过程

编制成本计划时，首先由项目成本管理人员根据施工图纸计算实际工程量，然后由项目经理、项目工程师、项目会计师、成本管理人员根据施工方案和分包合同确定计划支出的人工费、材料费和机械使用费等费用。项目成本计划编制程序如下。

1.收集和整理资料

收集编制成本计划的资料，对其进行加工整理，深入分析项目的当前情况和发展趋势，了解影响项目成本的因素，研究降低成本、克服不利因素的措施等。

2.确定目标成本

目标成本即项目施工阶段的计划成本，是项目施工成本总计划确定的施工成本支出。目标成本应根据不同阶段管理的需要，在各项成本要素预测和确定施工责任成本的基础上进行编制，并用于指导项目施工过程的成本控制。

（1）准备阶段应在企业内部进行投标过程传达和合同条件分析的基础上，确定项目经理部的可控责任成本，该成本作为考核项目经理成本管理绩效的依据，应符合其责任与授权的可控范围。

（2）项目经理到任后，应在组织编制项目管理实施规划的基础上，编制各项实施性的计划成本，用以指导项目的资源配置和生产过程的成本控制。项目经理在编制实施性计划成本时，需要将其可控责任成本分解，层层落实到各个相关部门、施工队伍和班组，分解的方法大多采用工作分解法。

（3）成本计划的编制要充分考虑不可见因素、工期制约因素及风险因素、市场价格波动因素，结合在计划期内准备采取的增产节约措施，最终确定目标成本，并综合计算项目目标成本的降低额和降低率。

3.编制成本计划草案

各职能部门应认真讨论项目经理下达的成本计划指标并及时反馈信息，在总结上期成本计划完成情况的基础上，考虑完成成本计划的不利因素和有利因素，制定保证本期计划执行的具体措施，并尽可能地将指标分解落实下达到各班组及个人，形成成本计划草案。

4.综合平衡，编制正式的成本计划

从全局出发，对各部门实施性成本计划之间进行综合平衡，使其相互协调、衔接，最后确定正式的成本计划。

（三）月度项目施工成本计划分解与调整

月度项目施工成本计划是项目进行成本管理的基础，属于控制性计划，是进行各项施工成本活动的依据。它确定了月度施工成本管理的工作目标，也是对岗位人员进行月度岗位成本指标分解的基础。月度项目施工成本计划是根据目标成本确定的月度成本支出和月度成本收入，并按构成成本的要素进行编制。成本收入的确定与责任成本、目标成本一致。成本支出与实际发生数一致，包括月度人工费成本计划、材料费成本计划、机械费成本计划、其他直接费用成本计划、临设费、项目管理费、安全设施成本计划等。成本计划的编制过程及方法在施工成本总计划中已经论述，此处不再重复。

1.月度项目施工成本计划的分解

成本计划是根据构成成本的要素进行编制的，但实际进行成本管理是按岗位进行划分的。因此，对按成本构成要素编制的月度成本计划，还要按岗位责任进行分解，作为进行岗位成本责任核算和考核的基础依据。

2.月度施工成本计划的调整

在计划执行的过程中，要保证成本计划的严肃性。一旦确定要严格执行，不得随意调整。但由于成本的形成是一个动态过程，在实施过程中由于客观条件的变化，可能会导致成本的变化。在这种情况下，若成本计划不及时调整，会影响成本核算的准确性，因此，为保证成本计划的准确性，应及时进行调整。需要调整成本计划的情况一般有以下几种。

（1）公司对项目责任成本确定办法进行更改时

核定办法的改变必然导致目标成本的改变，因此根据目标成本编制的月度施工成本计划必然要进行调整。这种情况主要是市场波动，材料价格变化较大，对成本的影响较严重时才会出现。

（2）月度施工计划调整时

由于工程进度的需要，增加施工内容或由于材料、机械、图纸变更等影响，原定施工内容不能进行而对施工内容进行调整时，在这种情况下，就需要对新增或变更的施工项目按成本计划的编制原则和方法重新进行计算，并下发月度成本计划变更通知单。

（3）月度施工计划超额或未完成时

由于施工条件的复杂性和可变性，月度施工计划工程量与实际完成工程量是不同的，因此每到月底要对实际完成工作量进行统计，根据统计结果将根据计划完成工作量编制的月度成本计划调整为实际完成工作量的成本计划。

三、电力工程项目施工成本过程控制管理

项目施工成本的过程控制，通常是指在项目施工成本的形成过程中，对形成成本的要素（即施工生产所耗费的人力、物力和各项费用开支）进行监督、调节和限制，及时预防、发现和纠正偏差，从而把各项费用控制在计划成本的预定目标之内，以达到降低成本、保证生产经营的目的。

（一）工程项目施工成本过程控制的原因

工程项目的成本控制贯穿于工程建设自招投标阶段到竣工验收的全过程。由于电力工程项目自身的特点，因此对电力工程项目成本进行过程控制有利于成本的降低和电力工程项目成本管理的持续改进。强调电力工程项目成本过程控制是由电力施工项目的一般特点决定的。

1.电力施工项目具有一次性和单件性

电力施工项目作为一次性事业，其生产过程具有明显的单件性。施工项目活动过程不可逆，也不重复，带来了较大的风险性和管理的特殊性。

2.电力施工生产具有特殊性

施工项目的地点固定、体型庞大和结构复杂导致了施工中各种生产要素的流动性、所需工种多和施工组织复杂。此外，施工周期长、作业条件恶劣，易受气候、地质条件等影响也都直接影响成本的高低，给电力施工项目的成本管理带来种种困难。因此，对于具有上述特点的电力工程项目成本来说，应该特别强调项目成本的过程控制，尤其是施工阶段成本的过程控制。

（二）工程项目施工成本过程控制的前期工作

为实现过程控制，需要做好以下工作。

1.开工前搞好成本预测，明确成本目标

在工程开工前，组织相关人员了解当地市场的实际情况，根据中标价比较计划成本和责任成本，再按照中标价、当地货源及启用队伍情况由公司下达责任成本书，确定责任成本目标。

2.优化施工方案和资源配置

在开工进场后，有关部门根据投标后与用户签订的合同的工期及现场的具体情况配置资源。正确选择施工方案是降低成本的关键所在，不同的设计及施工方案就有不同的生产成本，在满足合同要求的前提下，根据工程的规模、性质、复杂程度、现场条件、装备情况、人员素质等提出科学的方案和措施。利用网络技术编制施工进度计划及实行进度控制，合理进行人力、机械设备、资金的配置，以保证最终达到最优的质量、安全和最低的合理成本。

3.进行项目施工成本的分解

确定具体项目的人工、材料、机械、现场经费（包括管理人员工资、办公费、通信费、差旅费等）的消耗量，作为施工时各项目的具体控制目标，并将此控制目标分发至相应的岗位，

第三节　电力施工项目目标成本控制

一、目标成本控制的特点及原则

（一）目标成本管理的特点

目标成本管理是目标管理与成本管理的统一，它具有以下特点。

1. 以人为本

人是管理的核心和动力，没有人的积极性，任何管理工作都不可能搞好，因此以人为本的成本管理是目标成本管理最重要的特征之一。

2. 严密性

管理的封闭原理告诉我们，管理活动构成连续封闭的回路，对于形成有效的管理活动是非常有利的，它在很大程度上影响管理效能的高低。在目标成本管理过程中，以预定的效益为目标，又以效益目标达成程度为评价工作绩效的依据，"确定目标，层层分解""实施目标，监控考核""评定目标，奖惩兑现"，这三大环节形成一个紧密联系的封闭的成本管理系统，为目标成本管理取得高效能创造了重要条件。

3. 未来性

目标成本管理要求企业的成本管理必须有明确的奋斗目标和控制指标，把成本管理工作的重点放在企业未来成本的降低上，围绕成本的降低扎扎实实地开展成本经营工作，通过对成本发生和费用支出的有效控制，保证成本目标的实现。

4. 前瞻性

目标成本管理要求企业在进行成本管理时必须事先对成本进行科学预测和可行性研究，从而制订正确的成本目标，并依据成本目标进行成本决策和目标成本管理，制定最优的成本方案和实施措施，预先考虑到成本变动的趋势和可能发生的情况，提前做好准备和安排，采取妥善的预防性措施，把成本的超支和浪费消灭在发生之前。

5.全面性

目标成本管理要求企业的成本管理必须建立在全环节、全过程、全方位和全员参加的成本控制网络上。

6.系统性

目标成本管理要求企业在成本管理中，要以系统论的原理来指导成本经营工作。目标成本是企业系统整体功能作用发挥的必然结果，要实现目标成本，就要协调好企业内部各子系统、各要素之间的生产关系和人际关系，处理好它们之间成本发生、转移的相互制约和相互保证关系，保证各个系统要素对成本控制作用的充分发挥。

7.效益性

目标成本管理要求企业在成本管理中，必须把提高或保证资本最大增值盈利作为目标成本管理的出发点和归宿。因此，目标成本管理工作必须以提高经济效益为指南，注重成本效益分析，把提高资本增值效益放在突出位置，用经济效益作为评价各部门、人员成本管理工作绩效的标准。

8.综合性

目标成本管理是一种综合性的成本经营，能够综合地运用各种成本管理理论和方法，吸收和利用这些理论和方法来为目标成本管理服务，保证目标成本的实现。与全面成本管理、责任成本管理、作业成本管理、质量成本管理、功能成本管理、定额成本管理、标准成本管理等有机结合起来；引进经济数学模型，使目标成本实现定量化；运用电子计算机技术，建立成本信息反馈系统，使目标成本管理手段现代化等。

（二）目标成本管理的原则

对目标成本的控制必须遵循一定的原则，才能充分发挥成本控制的作用。如果成本控制没有原则，不仅不能控制成本，而且会造成混乱，挫伤职工的积极性。在推行目标成本管理的过程中，主要应把握以下几个原则。

1.全员及分级控制原则

成本控制必须是通过全体员工来完成的。成本是一个综合性指标，涉及企业所有部门、项目经理部、施工队组等。因此，要求企业人人、事事、处处都要有成本控制意识，按照定额、限额、计划等进行管理，从各方面、各层次堵塞漏洞，杜绝浪费，形成一个成本控制网。

2.全过程动态控制原则

成本控制的对象贯穿成本形成的全过程，包括施工组织设计、劳动组织、材料供应、工程施工、工程移交等各个方面。只有对全过程进行控制，才能促进各项降成本措施得到贯彻落实，达到预期目标。

3.计划调整加严原则

在实施目标成本管理和控制时，只有按照目标成本计划内容实施的，才可由各部门在工作职责范围内逐项处理。但对成本差异金额数较大的事项（如工资、奖金办公费、差旅费）以及对单项目标成本超计划使用的，必须经过规定的手续由专人审批，并对成本目标计划进行调整。

4.权责明确原则

遵循目标成本管理的权责明确原则，谁实施、谁控制、谁负责，将设定的分项成本与施工管理的基本分工统一起来，力求实现谁组织施工，谁控制消耗，谁对受控内容的结果负责。

5.成本责任区域原则

设定项目目标成本多个成本责任区域，力求做到在责任区域内施工管理、消耗控制、成本核算三位一体，实施集成管理。

6.目标成本可分解原则

对构成实物量的责任区域明确测算到分部、分项，便于项目部相关人员将局部控制和总体控制统一起来。

二、目标成本管理的内容

目标成本是企业在建立目标管理体制的情况下，在工程项目开始施工之前为人工、材料、机械设备等工程项目预先制定的成本。在施工企业中，企业根据工程中标价先预测出项目部责任成本（公司的目标成本），然后项目部根据责任成本编制项目部施工成本计划进行成本控制。目标成本是企业成本管理的重要内容，制订合理的目标成本是进行成本控制的基础。目标成本与实际成本相比较，可以查明施工过程中发生的不利差异，通过对不利差异进行分析可以加强成本控制。

推行目标成本管理，应结合经济责任制，将总的成本目标层层分解，落实到部门、班组和个人。目标成本管理包括目标成本预测、决策、分解、落实、核算及目标成本分析、控制、考评等内容。

（一）成本目标制订

目标成本管理，首先是制订成本目标，按照科学性原则，充分掌握资料，即进行市场预测、销售量预测、利润预测和成本预测、搜集有关历史资料和企业当前有关生产能力等资料。在充分掌握资料的基础上，进行加工处理、形成对决策有用的资料；再进行成本决策分析，提供各种备选方案，进行成本决策，确定优化方案。方案一旦确定，就应该以该方案为基础，进行目标成本的分解和落实，最后形成目标成本计划，作为执行的标准。

（二）目标成本执行

目标成本下达到项目部后，项目部要按公司规定划分成本责任区域，将目标成本分解并落实到相关责任人身上，细化分工可以结合项目自身的特点自行寻找合适的方法。成本目标如果不能及时落实到责任人身上，过程控制就没有依据，就不可能有效展开，也就起不到控制成本的作用。项目的成本核算和控制要围绕目标的实现来运作，从流程和制度上强制性地将消耗核算和控制纳入目标成本管理的轨道，以保证目标成本管理的有效推进。

（三）目标成本核算

目标成本核算是对目标成本执行过程中实际发生的成本进行核算，为企业外部的宏观管理和企业内部的微观管理和控制提供依据。过程核算是目标成本管理最重要的环节，项目部通过对目标和实耗数据的不断对比分析，及时发现过程中存在的问题，并分析原因上报公司，确保项目成本处于受控状态，真正实现项目成本从事后控制向事前和事中控制的转变。公司根据各项目反馈的问题，不断调整、完善，逐渐形成一套完善的公司内部目标成本管理体系。

（四）目标成本分析与考核

目标成本分析包括事前的预测分析、事中的控制分析和事后的业绩分析，为目标成本的预防控制、过程控制、反馈控制以及考核评价提供充分客观的依据。根据目标成本执行结果和详细的分析资料，对各层次的目标责任者，按照目标责任制的要求和标准进行自我评价和逐级考核，肯定成绩，发现不足，为进一步加强目标成本管理创造条件。

三、电力施工目标成本管理

（一）确定目标成本

根据项目合同条款、施工条件、各种材料的市场价格等因素，测评该项目的经济效益。对于施工组织设计的编制，在不断优化施工技术方案和合理配置生产要素的基础上，通过人、材、机消耗分析和制定节约措施之后，制订现场的目标成本。目标成本的测算方式应与施工现场实际的施工组织形式相一致，并且其成本总额应控制在责任目标成本范围之内，并留有余地。

（二）电力施工项目目标成本执行

成本计划的执行过程实际上就是工程项目从开工到竣工的生产过程，成本计划执行过程中的管理是对照成本计划进行日常控制。其主要内容包括生产资料耗费的控制、人工消耗的控制和现场施工进度、质量、安全的控制，以及其他管理费用的控制等。施工阶段成本控制的重要一环就是要科学地组织建设，正确地处理造价和工期、质量的辩证关系，以提高工程建设的综合经济效益。

第四节　电力企业成本控制的现状及解决路径

一、电力企业成本控制的内涵

电力企业的成本控制是指企业根据特定时期内预先建立起的成本管理的目标，由成本控制的主体对电力运行整个过程中的资金消耗进行管理，并在此过程中采取相应的成本控制措施进行调节，保证成本管理目标的实现，促进电力企业更长远的发展，开拓更广阔的利润发展空间。电力成本控制对于电力企业经济的发展具有重要的作用，需要格外关注。

二、电力企业成本控制现状与问题

电力企业的成本控制管理是企业发展的保障，能够有效地控制企业发展的成本，降低电力企业发展压力，实现电力企业利润的积累。但是通过目前的调查发现，在电力企业成本管理的过程中还存在着一定的问题，制约了电力企业的发展。

（一）成本控制体制不能适应实际需要

在新时期下进行成本控制，一定要创新思维，能根据实际情况进行战略调整。但是从目前的情况来看，大部分电力企业的领导思想过于陈旧，受传统成本控制思想的制约严重，对于成本控制对企业的深远影响没有深远细致的认识，实行了一些短期的行为，成本的控制体制不能够适应实际的需求，更不能建立起长远的管理体制，加之管理者只注重客观成本动因，而忽视主观成本动因，不利于调动员工的积极性，影响了电力企业成本的控制管理，制约了电力企业的长远发展。

（二）成本预算体系不健全

成本预算是成本控制的重要环节，企业能够根据预算进行整体控制。但是不少电力企业在成本预算管理方面较为薄弱，很难做到事前控制，成本预算体系不健全造成了多方面问题的存在。

首先，成本预算编制方法欠科学。在实际的操作中，大部分电力企业的预算编制都采用了增量预算编制的方法，这样是在不确定的情况下承认了上期预算实际数目是合理的，同时对数据变动因素的判断具有主观性，也会导致编制出来的预算不科学，不能够达到电力企业成本控制的目标。其次是预算管理工作的重点把握不准。大部分电力企业将预算管理工作的重点放在预算编制上，然而对之后的实际操作情况缺乏监督和考核的力度，做不到事前控制，这样影响了成本管理的效果。最后，预算的执行结果缺乏分析和比较的过程，对于出现差额的情况也不能够进行合理的原因分析，更不会找出解决的措施，这样的混乱局面严重制约了电力企业成本的控制与管理目标的实现，制约了电力企业长远的发展。

（三）电力成本控制目标过于狭隘

电力企业在成本控制管理中缺乏有效降低成本的措施，其下属单位为了完成规定的任务实现考核的目标，只能采取压缩成本和营销费用的措施，这就忽视了压缩成本与促进电力企业发展的关系，会导致企业降低成本的努力和市场竞争中的目标发生偏离的现象。电力成本控制目标过于狭隘将会使电力企业错失不少市场发展的机会，不利于电力企业长远发展目标的实现。

三、电力企业成本控制的措施分析

经济的发展使电力企业的发展面临着激烈的市场竞争，企业要想获得利润，除了更新技术，最重要的是要在保证产品质量的同时加强电力企业成本的控制管理。但是电力企业在成本管理控制的过程中存在着一些问题，制约了其长远的发展。就这些问题，提出以下解决措施。

（一）更新成本控制管理观念，使成本控制体制适应实际需求

随着电力企业的发展，管理者的管理理念也要紧跟时代发展，使成本控制体

制适应实际的需求,因此说,树立与时俱进的电力企业成本管理理念至关重要。作为电力企业成本管理者,首先需要摒弃之前只注重主观成本动因、忽视客观成本动因的思想,重视成本控制,全面认识降低成本对于企业发展的无限利益。除此之外,管理者还要宣传成本控制理念,把该理念灌输到每个成员的头脑中,动员全体成员加强成本控制观念,降低成本,保证企业的发展。

(二)建立电力企业成本控制管理责任制

电力企业要想实现长远发展,保持盈利是一个重要的因素。这不仅关乎企业管理者的利益,而且与每个成员的切身利益息息相关。要想使电力企业在发展中获得利润,除了要合理规划,进行成本管理控制十分必要,不仅电力企业的管理者要关注,每个职工也要密切关注。因此说要建立成本控制全体成员责任制,要求每位成员都将成本控制的思想观念放在心上,协助管理者实现降低成本的目标。建立奖惩机制,对于资源浪费等提高成本的行为,要给予严厉的惩罚,对有利于降低成本的行为给予奖励,将这种奖惩制度落到实处。

(三)以市场为导向进行电力企业成本控制

现代电力企业的发展和市场紧密相连,符合市场规律与市场运行特点的企业才能够在激烈的竞争中站稳脚跟,才能够获得市场利润。企业的成本中如材料的购买等方面也与市场联系密切,因此说,企业的成本控制要以市场为导向,紧跟市场的发展变化,调整自己的成本控制战略,以此来保证企业利益的实现和企业长远的可持续的发展。

(四)建立健全电力企业成本预算体系

电力企业成本预算管理体系在预算编制方法、管理工作重点和最后数据分析上存在着一定的问题,需要进行改进,因此说建立健全电力企业成本预算体系至关重要。

首先需要建立甲醛的预算专门管理机构,增强各部门的沟通,使各部门能够相互连接,积极配合,为及时准确地掌握资料和获取动态信息提供方便,为企业的成本控制提供准确的资料。除此之外,还要建立完善科学的预算编制方法,确保数据的准确,为成本控制提供真实的资料。

（五）确保电力企业成本控制的科学性

现代电力企业最突出的成本控制特点就是利用先进的技术手段，保证控制手段的科学性、准确性，运用恰当的控制手段实现成本控制的有效性。要实现这一目标，电力企业可以利用建立成本控制的信息管理系统的方法，保证成本控制的科学性，保证成本管理人员利用科学手段实现事前预算、事中监管、事后协调的成本控制流程，实现成本控制的合理性，为企业节约更多的成本。

第三章　高压配电网规划

第一节　变电需求估算

我国高压配电网的电压等级一般采用110kV和35kV，东北地区主要采用66kV。高压配电网从上一级电网或电源接受电能后，可以直接向高压用户供电，也可以向下一级中压（低压）配电网提供电源。高压配电网是输电网和中压配电网的连接纽带，一方面，高压配电网有效承接了上级输电网；另一方面，高压配电网决定了中压配电网的发展规模。

高压配电网规划主要由变电站选址定容和高压配电网络接线布置组成。选址定容依据110（66）kV、35kV网供负荷预测结果和容载比取值，初步确定变电站数量和容量；后续结合供电区域划分和供电安全标准综合确定高压配电网络接线方式。在变电站布点、网络结构布置等环节，还需对变电站座数、容量进一步优化和调整。

一、变电容量估算

（一）容载比选择

容载比是配电网规划的重要宏观性指标，是指某一供电区域、同一电压等级电网的公用变电设备总容量与对应的总负荷（网供负荷）的比值，需要分电压等级计算。对于区域较大、负荷发展水平极度不平衡、负荷特性差异较大、分区最大负荷出现在不同季节的地区，应分区计算容载比。容载比的计算公式如下：

$$R_s = \sum S_{ci} / P_{\max} \tag{3-1}$$

式中：R_s——容载比。

$\sum S_{ci}$——该电压等级全网或供电区内公用变电站主变压器容量之和，MVA。

P_{max}——该电压等级全网或供电区的年网供最大负荷，MW。

容载比的确定要考虑负荷分散系数、平均功率因数、变压器负载率、储备系数、负荷增长率等因素的影响。根据我国多年实践经验，高压配电网容载比一般为1.8～2.2。容载比的选择对电网发展具有重要影响：取值过大将造成电网建设前期投资增加，取值过小会降低电网适应性，甚至影响安全可靠供电。具体取值应依据负荷增长情况，参照表3-1的推荐值选定。

表3-1 高压配电网容载比选择范围

负荷增长情况	较慢增长	中等增长	较快增长
年负荷平均增长率KP	KP≤7%	7%＜KP≤12%	KP＞12%
110～35kV容载比	1.8～2.0	1.9～2.1	2.0～2.2

对处于负荷发展初期以及负荷快速发展期的地区、重点开发区或负荷较为分散的偏远地区，可适当提高容载比的取值；对于网络发展完善（负荷发展已进入饱和期）或规划期内负荷明确的地区，在满足用电需求和可靠性要求的前提下，可以适当降低容载比的取值。

（二）新增变电容量估算

变电容量估算主要是用于确定各电压等级变电设备的容量，规划期末的变电容量计算如下：

$$S=PR_s \tag{3-2}$$

式中：S——规划期末某电压等级变电容量需求，MVA。

P——规划期末某电压等级网供最大负荷，MW。

R_s——规划期末的容载比。

新增变电容量按式（3-3）计算：

$$\Delta S=S-S_0 \tag{3-3}$$

式中：ΔS——需新增变电容量，MVA。

S_0——基准年变电容量，MVA。

变电容量估算方法如表3-2所示。

表3-2 变电容量估算示意表

区域名称	电压等级	项目	XX年	XX年	XX年	XX年
XX地区	110（66）kV	网供负荷				
		容载比				
		容量需求				
		现有容量				
		新增容量				
XX地区		网供负荷				
		容载比				
		容量需求				
		现有容量				
		新增容量				

注：新增容量=期末容量-现有容量。

二、变电站座数估算

在同一个区域（城市、区县）内，高压配电网同一电压等级变电站内单台变压器的容量规格应尽可能统一，一般要求不超过三种容量序列。因此，根据式（3-3）得到的新增变电容量ΔS，推算新增变电站的座数如式（3-4）

$$n = \begin{cases} \left\lceil \dfrac{\Delta S}{S_N} \right\rceil & \Delta S > 0 \\ 0 & \Delta S \leq 0 \end{cases} \quad (3-4)$$

式中：n——新增变电站的座数。

S_N——变电站的典型容量，MVA。

[ ]——向上取整计算。

变电站的典型容量S_N的选定应结合该地区具有典型和代表意义的变电站典型配置，按照变压器台数和容量计算。新增变电站的座数n着重反映该地区变电站的建设需求，在变电站布点与设计过程中，还需对变电站座数进行优化和调整。

第二节　变电站布点与设计

变电站布点是在综合考虑了用电需求以及与经济社会各方面关系后，确定变电站站址的过程。变电站布点要根据变电站新增容量、数量的初步估计，提出变电站布点的可选方案，通过比选确定最终方案。

一、站址布点

站址布点的任务是根据变电站座数估算结果制定几个可比的变电站布点方案，以便进行方案优选。目前，站址布点主要是由规划设计人员来完成，很大程度上依赖于设计者的经验，具有一定主观性。随着信息化手段的发展，基于计算机分析的方案设计方法已经得到广泛应用，极大地帮助了规划设计人员开展工作。

（一）布点思路

变电站的规划布点可概括为多中心选址优化，需要综合考虑变电站（含中压配电网）建设投资和运行费用，实现区域配电网建设经济技术最优化。变电站布点在城市建设中受到落地困难以及跨越河流、湖泊、道路、铁路等因素影响，开展变电站布点是一个多元连续选址的组合优化过程。

（二）布点流程

在已经掌握了地区控制性规划并已开展空间负荷预测的区域，变电站布点应针对水平年负荷需求开展。根据未来电源的布局和负荷分布、增长变化情况，以现有电网为基础，在满足负荷需求的条件下，参照区域城市建设布局，形成远景年变电站供电区域划分，并初步将变电站布点于负荷中心且便于进出线的位置。在上述方案或多方案的基础上，需要开展技术经济测算，校验变电站布点方案的科学性和合理性，并根据测算结果对方案优化或选择。同时，需要兼顾电网建设时序，充分考虑电网过渡方案，并结合区域可靠性要求开展变电站故障情况下负荷转移分析。

随着规划变电站站址的逐个落实，需对原布点方案进行调整、优化。在尚未掌握地区控制性规划的区域，变电站布点应在现状电网的基础上，充分考虑未来负荷发展需求，在规划水平年变电站座数基础上适度预留，并持续跟进城乡规划成果，及时更新变电站布点方案。

二、主变压器选择

主变压器选择应综合考虑负荷密度、负荷增长速度以及上下级电网的协调和整体经济性等因素。

（一）主变压器容量

按照5~10年发展规划的需求来确定，也可由上一级电压电网与下一级电压电网间的潮流交换容量来确定。

变电站内装设2台及以上变压器时，若1台出现故障或检修，剩余的变压器容量应满足相关技术规范要求，在计及过负荷能力后的允许时间内，能够保证二级及以上电力用户负荷供电（在A+、A、B、C类供电区域应能够保证全部负荷供电）。

同一规划区域中，相同电压等级的主变压器单台容量规格不宜超过3种，同一变电站的主变压器宜统一规格。

对于负荷密度高的供电区域，若变电站布点困难，可选用大容量变压器以提高供电能力，并应通过加强变电站网络结构及下级电网的互联提高供电可靠性。

（二）主变压器台数选择

根据地区负荷密度、供电安全水平要求和短路电流水平，确定变电站主变压器台数，变电站的主变压器台数最终规模不宜多于4台。高负荷密度地区变电站主变压器台数为3~4台，负荷密度适中地区变电站主变压器台数为2~3台，以农牧区为代表的极低负荷密度地区变电站主变压器台数为1~2台。

规划时，主变压器容量和台数可由规划人员分析计算或参考相关标准进行选择。各类供电区域变电站最终容量配置推荐如表3-3所示。

表3-3 各类供电区域变电站最终容量配置推荐表

电压等级	供电区域类型	台数（台）	单台容量（MVA）
110kV	A+、A类	3~4	80、63、50
	B类	2~3	62、50、40
	C类	2~3	50、40、31.5
	D类	2~3	50、40、31.5、20
	E类	1~2	20、12.5、6.3
66kV	A+、A类	3~4	50、40
	B类	2~3	50、40、31.5
	C类	2~3	40、31.5、20
	D类	2~3	20、10、6.3
	E类	1~2	6.3、3.15
35kV	A+、A类	2~3	31.5、20
	B类	2~3	31.5、20、10
	C类	2~3	20、10、6.3
	D类	2~3	10、6.3、3.15
	E类	1~2	3.15、2

注：①上表中的主变压器低压侧为10kV。

②对于负荷确定的供电区域，可适当采用小容量变压器。

③A+、A、B类区域中，35kV的31.5MVA变压器适用于电源来自220kV变电站的情况。

（三）调压方式的选择

变压器的电压调整通过切换变压器的分接头改变变压器变比。切换方式有两种：一种是不带负荷切换，称为无励磁调压，调压范围通常在±5%以内；另一种是带负载切换，称为有载调压，调压范围通常有±10%和±12%两种。110kV及以下的变压器调压设计时可根据需要采用有载调压方式。

（四）绕组数量选择

对于深入至负荷中心、具有直接从高压降为低压供电条件的变电站，为简化电压等级或减少重复降压容量，可采用双绕组变压器。对于有35kV用户需求的区域，110kV变压器可选用三绕组变压器。

（五）绕组连接方式选择

变压器绕组的连接方式必须和系统电压相位一致，否则不能并列运行。电力系统采用的绕组连接方式一般是星形和三角形，高、中、低三侧绕组如何组合要根据具体工程来确定。我国110kV及以上变压器高、中绕组都采用星形连接；35kV如需接入消弧线圈或接地电阻时，亦采用星形连接；35kV以下变压器绕组都采用三角形连接。

（六）主变压器阻抗

主变压器阻抗的选择要考虑如下原则。

（1）阻抗值的选择必须从电力系统稳定、无功分配、继电保护、短路电流、调相调压和并联运行等方面进行综合考虑。

（2）对于双绕组普通变压器，一般按标准规定值选择，确保负荷侧母线短路电流不超过要求值。

（3）对于三绕组的普通型和自耦型变压器，其最大阻抗是放在高、中压侧还是高、低压侧，必须按上述原则（1）来确定。目前，国内生产的变压器有升压型和降压型两种结构。升压型的绕组排列顺序为：自铁芯向外依次为中、低、高，所以高、中压侧阻抗最大；降压型的绕组排列顺序为：自铁芯向外依次为低、中、高，所以高、低压侧阻抗最大。

（七）变压器并列运行

两台或多台变压器的变电站如采用并列运行方式，必须满足表3-4中的变压器并列运行条件。

表3-4 变电站变压器并列运行条件

序号	并列运行条件	技术要求
1	电压和变比相同	变压比差值不得超过0.5%，调压范围与每级电压要相同
2	联结组别相同	包括连接方式、极性、相序都必须相同
3	短路电压（即阻抗电压）相等	短路电压值不得超过±10%
4	容量差别不宜过大	两台变压器容量比不宜超过3∶1

三、电气主接线

变电站电气主接线应满足供电可靠、运行灵活、适应远方控制、操作检修方便、节约投资、便于扩建以及规范、简化等要求。变电站电气主接线的选取应综合考虑变电站功能定位、进出线规模等因素，并结合远期电网结构预留扩展空间。变电站高压侧主接线应简单清晰，110（66）kV、35kV变电站常用的主接线有单母线、单母线分段、线路变压器组、内桥接线、外桥接线等接线方式。对于扩展形式和其他更复杂的形式（如扩大单元、内桥加线变组），可以根据基本形式组合应用。

对于110（66）kV、35kV变电站，有两回路电源和两台变压器时，主接线可采用桥形接线。当电源线路较长时，应采用内桥接线，为了提高可靠性和灵活性，可增设带隔离开关的跨条。当电源线路较短，需经常切换变压器或桥上有穿越功率时，应采用外桥接线。

当110（66）kV、35kV线路为两回路以上时，宜采用单母线或单母线分段接线方式，10kV侧宜采用单母线或单母线分段接线方式；当变电站站内变压器为两台以上时，可以采用110（66）kV、35kV的分段母线与主变压器交叉接线的方式提高可靠性；当10kV侧采用单母线多分段的接线方式时，可将10kV侧的若干分段母线环接以提高供电可靠性。

第三节 网络结构

一、电网结构

（一）主要原则

（1）正常运行时，各变电站应有相互独立的供电区域，供电区不交叉、不重叠；故障或检修时，变电站之间应有一定比例的负荷转供能力。

（2）高压配电网的转供能力主要取决于正常运行时的变压器容量裕度、线路容量裕度以及中压主干线的合理分段和联络。

（3）同一地区，同类供电区域的电网结构应尽量统一。

（4）35~110kV变电站宜采用双侧电源供电，条件不具备或处于电网发展的过渡阶段，也可同杆架设双电源供电，但应加强中压配电网的联络。

（二）主要结构

高压配电网的电网结构可分为辐射、环网、链式等。下面对每种典型结构的优缺点和适用范围等进行介绍。

1.辐射状结构（单侧电源）

从上级电源变电站引出同一电压等级的一回或双回线路，接入本级变电站的母线（或桥），称为辐射结构。辐射结构分为单辐射和双辐射两种类型。

（1）单辐射

由一个电源的一回线路供电的辐射结构。单辐射结构中，110kV变电站主变压器台数为1~2台。单辐射结构不满足N—1要求。

（2）双辐射

由同一电源的两回线路供电的辐射结构。

辐射状结构（单辐射、双辐射）的优点是接线简单，适应发展性强；缺点是

110kV变电站只有来自同一电源的进线，可靠性较差。主要适合用于负荷密度较低、可靠性要求不太高的地区，或者作为网络形成初期、上级电源变电站布点不足时的过渡性结构。

2.环式（单侧电源，环网结构，开环运行）

从上级电源变电站引出同一电压等级的一回或双回线路，接入本级变电站的母线（或桥），并依次串接两个（或多个）变电站，通过另外一回或双回线路与起始电源点相连，形成首尾相连的环形接线方式，一般选择在环的中部开环运行，称为环网结构。

（1）单环

由同一电源站不同路径的两回线路分别给两个变电站供电，站间一回联络线路。

（2）双环

由同一电源站不同路径的四回线路分别给两个变电站供电，站间两回联络线路。

环式结构（单环、双环）中只有一个电源，变电站间为单线或双线联络，其优点是对电源布点要求低，扩展性强；缺点是供电电源单一，网络供电能力小。主要适用于负荷密度低、电源点少、网络形成初期的地区。

3.链式（双侧电源）

从上级电源变电站引出同一电压等级的一回或多回线路，依次π接或T接到变电站的母线（或环入环出单元、桥），末端通过另外一回或多回线路与其他电源点相连，形成链状接线方式，称为链式结构。

（1）单链

由不同电源站的两回线路供电，站间一回联络线路。

（2）双链

两个电源站各出两回线路供电，站间两回联络线路。

（3）三链

两个电源站各出三回线路供电，站间三回联络线路。

链式结构（单链、双链和三链）的优点是运行灵活，供电可靠高；缺点是出线回路数多，投资大。主要适用于对供电可靠性要求高、负荷密度大的繁华商业区、政府驻地等。

（三）评价指标

高压配电网网络结构的坚强程度一般采用"单线或单变站占比"和"N—1通过率"进行评价。"单线或单变站占比"的计算公式如式（3-5）所示。

单线或单变站占比=（单线或单变站座数/变电站总座数）×100%　（3-5）

式中：单线或单变站座数——某一电压等级仅有单条电源进线的变电站与单台主变压器的变电站座数合计。

N—1通过率需要按主变压器和线路分别计算，计算公式如式（3-6）所示。

主变压器N—1通过率=（满足N—1的主变压器台数/主变压器总台数）×100%

（3-6）

线路N—1通过率=（满足N—1的线路条数/线路总条数）×100%　（3-7）

N—1通过率用于反映35～110kV电网中一台变压器或一条线路故障或计划退出运行，本级及下一级电网的转供能力。

（四）小结

高压配电网接线方式选择要因地制宜，结合地区发展规划，选择成熟、合理、技术经济先进的方案。各类电网结构综合对比情况如表3-5所示。

表3-5　各类电网结构综合对比表

序列	网架结构	可靠性	是否满足N—1准则	投资
1	单辐射	低	不满足	低
2	双辐射	一般	满足	一般
3	单环	一般	满足	一般
4	双环	较高	满足	较高
5	单链	较高	满足	较高
6	双链	高	满足	高
7	三链	高	满足	高

注：一般情况下，链式结构的π接可靠性和投资均高于T接。

二、目标网架过渡

（1）各类供电区域内的电网可根据电网建设阶段供电安全水平要求和实际情况，通过建设与改造，分阶段逐步实现推荐采用的电网结构。

（2）以两台主变压器的110kV变电站接入，由双辐射形成混合接线（π接+T接）、单链式形成混合接线（π接+T接）、辐射结构形成双链网架：以三台主变压器的110kV变电站接入。双辐射形成混合接线（π接+T接）的过程顺序为双辐射→不完全双链→两个单链→混合接线（π接+T接）。单链式形成混合接线（π接+T接）的过渡顺序为单链式→不完全双链→两个单链→混合接线（π接+T接）。

三、供电安全标准

根据城市电网供电安全标准（DL/T 256-2012），高压配电网变电站的供电安全标准属于三级标准，对应的组负荷范围在12～180MW（组负荷是指负荷组的最大负荷），其供电安全水平要求如下。

（1）对于停电范围在12～180MW的组负荷，其中不小于组负荷减12MW的负荷或者不小于三分之二的组负荷（两者取小值）应在15min内恢复供电，余下的负荷应在3h内恢复供电。

（2）该级停电故障主要涉及变电站的高压进线或主变压器，停电范围仅限于故障变电站所带的负荷，其中大部分负荷应在15min内恢复供电，其他负荷应在3h内恢复供电。

（3）A+、A类供电区域故障变电站所带的负荷应在15min内恢复供电；B、C类供电区域故障变电站所带的负荷，其大部分负荷（不小于三分之二）应在15min内恢复供电，其余负荷应在3h内恢复供电。

（4）该级标准要求变电站的中压线路之间宜建立站间联络，变电站主变压器及高压线路可按N—1原则配置。

提升高压配电网供电安全水平，主要是依据N—1原则配置主变压器和高压线路。

第四节 电力线路

一、35～110kV 导线选取原则

（1）线路导线截面宜综合饱和负荷需求、线路全寿命周期选定，并适当留有裕度。

（2）线路导线截面应与电网结构、变压器容量和台数相匹配。

（3）线路导线截面应按照故障情况下通过的安全电流裕度选取，正常情况下按照经济载荷范围校核。

（4）35～110kV 线路跨区供电时，导线截面宜按建设标准较高区域选取。

（5）35～110kV 架空线路导线宜采用钢芯铝绞线，沿海及有腐蚀性地区可选用防腐型导线。

（6）新架设的 35～110kV 架空线路不宜使用耐热导线。耐热导线一般用于增加原有线路载流量。

（7）35～110kV 电缆线路宜选用交联聚乙烯绝缘铜芯电缆，载流量应与该区域架空线路相匹配。

（8）对于采用 110kV 开关站集中向工业园区供电的情况，开关站进线导线截面可根据需要采用较大截面导线，导线截面超过 300mm^2 时，宜采用分裂导线方式，不应选择截面在 400 mm^2 以上的单根导线。

二、导线载流量选择

导线载流量选择是根据高压配电网运行方式和供电可靠性要求，计算各导线的最大载流量需求，用于指导导线型号及截面选择。具体计算过程中需考虑的因素包括以下方面。

（1）明确变电站主变压器台数、容量及负载率。

（2）高压配电网运行方式（正常方式、故障方式、检修方式等）。

（3）可靠性要求。

各类供电区域导线截面选取建议如下：

A+、A、B类供电区域110（66）kV架空线路截面不宜小于240 mm²，35kV架空线路截面不宜小于150 mm²；C、D、E类供电区域110kV架空线路截面不宜小于150 mm²，66kV、35kV架空线路截面不宜小于120 mm²。

第五节 中性点接地选择

一、接地方式

中性点接地方式对系统供电可靠性、人身及设备安全、绝缘水平等方面具有重要影响，是保证电力系统安全、降低系统事故影响的重要技术。高压配电网的中性点接地方式一般按照表3-6所示选择。此外，35kV架空网宜采用中性点经消弧线圈接地方式；35kV电缆网宜采用中性点经低电阻接地方式，宜将接地电流控制在1 000A以下。

表3-6 高压配电网中性点接地方式选择

电压等级	接地方式
110kV系统	直接接地
66kV系统	经消弧线圈接地
35kV系统	不接地、经消弧线圈接地或低电阻接地

二、接地参数

（一）架空线的单相接地电容电流值

架空线路单相接地电容电流按照式（3-8）计算：

$$I_c = (2.7 \sim 3.3) U_e l \times 10^{-3} \qquad (3-8)$$

式中：I_c——故障电流，A。

U_e——线路的额定电压,kV。

l——线路的长度,km。

其中,系数的取值原则为:

(1)对没有架空地线的采用2.7。

(2)对有架空地线的采用3.3。

(3)对于同杆双回线路,电容电流为单回路的1.3~1.6倍。

(二)电缆线路的单相接地电容电流值

电缆线路单相接地电容电流值按照式(3-9)计算:

$$I_c=0.1U_e l \qquad (3-9)$$

式中:U_e——线路的额定电压,kV。

l——线路的长度,km。

35kV电缆线路单相接地时电容电流的单位值见表3-7。

表3-7　35kV电缆线路单相接地电容电流

电缆导线截面(mm²)	单相接地电容电流(A/km)	电缆导线截面(mm²)	单相接地电容电流(A/km)
70	3.7	150	4.8
95	4.1	185	5.2
120	4.4		

(三)消弧线圈的选择

(1)安装消弧线圈的电力网,中性点位移电压在长期运行中应不超过相电压的15%。

(2)对于35kV及以下电压等级的系统,故障点残余电流应尽量减小,一般不超过10A。为减少故障点残余电流,必要时可将电力网分区运行。对于110kV及以上安装消弧线圈的电力网,脱谐度一般不大于10%。脱谐度的计算如式(3-10):

$$v=(I_c-I_L)/I_c \qquad (3-10)$$

式中:v——脱谐度:若v为负值,称为过补偿;若v为正值,称为欠补偿。

I_c——故障电流，A。

I_L——消弧线圈电感电流，A。

（3）消弧线圈一般采用过补偿方式，当消弧线圈容量不足时，允许在一定时间内用欠补偿的方式运行，但欠补偿度不应超过10%。

（4）在选定电力网消弧线圈的容量时，应考虑5年左右的发展，并按过补偿进行设计，其容量按式（3-11）计算：

$$S_X=1.35I_cU_\varphi \qquad (3-11)$$

式中：I_c——电力网接地电流，A。

U_φ——电力网相电压，kV。

（5）消弧线圈安装地点的选择应注意：①要保证系统在任何运行方式下断开1~2条线路时，大部分电力网不致失去补偿。②不应将多台消弧线圈集中安装在网络中的一处，并应尽量避免网络中只装设一台消弧线圈。③消弧线圈宜装于接线变压器中性点上。装于接线的双绕组变压器及三绕组变压器中性点上的消弧线圈容量不应超过变压器容量的50%，并不得大于三绕组变压器任一绕组容量。若需将消弧线圈装在接线的变压器中性点上，消弧线圈的容量不应超过变压器额定容量的20%。不应将消弧线圈接于零序磁通经铁心闭路的接线的三相变压器上。④对于主变压器为三角形接线的绕组，不应将消弧线圈接于零序磁通经铁心闭路的接线的三相变压器上。应在该绕组的母线处加装零序阻抗很小的专用接地变压器，接地变压器的容量不应小于消弧线圈的容量。

第四章　新能源发电基本理论和方法

第一节　发电原理

18~19世纪，伏打、安培、麦克斯韦、爱因斯坦等一大批科学家的发现、发明，奠定了电力世界的基础。如今，电力已成为现代生产不可或缺的动力，与现代生活密不可分。电能是电流或带电物质的能量，是和电子流动与积累有关的一种能量。大多数电能的生产过程的共同点是由原动机将各种形式的一次能源转换为机械能，再驱动发电机发电。但太阳能光伏发电、燃料电池则是直接将一次能源转换为电能。

一、电磁感应定律

目前，除了燃料电池和光伏发电外，其他主要发电形式的发电原理都是根据电磁感应定律来发电的，如蒸汽、燃气、水或空气流经涡轮叶片产生旋转转矩来发电。

发电机的功能就是把涡轮的旋转转化为电力。发电机的基本原理基于1831年法拉第提出的电磁感应定律。

定律表明：当穿过导电回路所限定的面积中的磁通发生变化时，在该导电回路中就产生感应电势及感应电流。感应电势的大小正比于磁通对时间的变化率，其真实方向可由楞次定律确定。楞次定律指出：感应电势及其所产生的电流总是企图阻止与回路相交链的磁通的变化。

实际上，回路中磁通的变动可以分三种情况：其一，导电回路或部分导电回路和恒定磁场有相对运动（这可用构成回路的导线切割磁力线来形象地说明）。

其二，导电回路虽不运动，但与该回路相交链的磁通却随时间而变，由此引起的电势在工程上称为变压器电势。其三，是上述两种情况的复合，这时回路中的感应电势应表示成两部分的总和。

虽然电磁感应现象是在导电回路的情况下发现的，但感应电势的大小和构成导电回路的材料的电导率无关；其后，麦克斯韦将电磁感应定律的使用范围推广到非导电回路甚至任何假想回路的情况。回路可在介质中，也可在真空中，只要穿过由它所限定面积中的磁通发生变化，沿着该回路将产生感应电势。

简单地讲，发电机实际上就是设计各组件，使得磁场和导体之间产生相对位移，从而感应出电动势。感应出电流的导体，称为电枢。大多数发电机的电枢绕组安装在发电机的定子部分，而所需的相对位移是由旋转磁场产生的。

二、光生伏打效应

（一）光生伏打效应的概念

光伏发电是基于半导体的光生伏打效应，将太阳光辐射直接转换为电能的一种发电形式。太阳能光伏发电的能量转换器就是太阳能电池，也叫光伏电池。法国科学家贝克勒尔发现，用两片金属浸入溶液构成的伏打电池受到阳光照射时会产生额外的伏打电动势，他把这种现象称为"光生伏打效应"，简称"光伏效应"。然而，直到1954年，美国贝尔实验室才研制成功了第一个单晶硅光伏电池。之后光伏电池技术不断完善，成本不断降低，从而带动了光伏产业的蓬勃发展。

光伏效应是指物体吸收光能后，其内部能传导电流的载流子分布状态和浓度发生变化，由此产生电流和电动势的效应。在气体、液体和固体中均可产生这种效应，然而半导体光伏效应的效率最高。

（二）半导体基础

太阳能电池是以半导体为基础的一种具有能量转换功能的半导体器件。迄今为止，与集成电路一样，占绝对主导市场的太阳能电池也是以硅材料为主的。下面就以硅材料为例介绍太阳能光伏发电的原理。

纯硅是半导体，即与具有良好导电性的金属（银、铜、铝等）相比导电率很低的材料。硅原子在外电子层具有4个电子，即本质上决定物理性能和化学性能的价电子。通过用杂质原子，如加入磷或者硼有控制的掺杂，就可以达到改变纯硅导电性的目的。

若在硅中掺杂磷元素，磷在外电子层有5个价电子，与硅晶体键合仅需要4个电子，剩余的那个电子是准自由的，在晶体中能够移动而形成电流。由于磷原子在晶体中起施放电子的作用，所以把磷等5价元素称为施主型杂质，也叫作n型杂质。因此，掺有5价元素的硅称为n型硅。

而在硅中掺杂3价元素硼，其外电子层有3个价电子，当硼和硅键合时，还缺少1个电子，所以要从其中1个硅原子的价键中获取1个电子来填补。这样，就在硅中产生了1个空位，称为"空穴"。一个空穴的行为与n型导电硅中的多余电子完全类似：它在晶体中移动并形成电流。严格地讲，并不是空穴移动，而是一个电子从相邻键合处跳到空穴处，而在它原来的位子形成一个空穴，这个空穴的运动方向与电子相反。而硼原子由于接受了1个电子而称为带负电的硼离子。硼原子在晶体中起接受电子而产生空穴的作用，所以叫作受主型杂质，也叫作p型杂质。类似地，人们称这样掺杂的硅为p型硅。

当p型硅和n型硅相接，将在晶体中p型和n型硅之间形成界面，即p–n结。p–n结附近的电子和空穴将发生扩散运动：n型区域中的电子向p型区域扩散，相对于p型区域的空穴向n型区域扩散。p–n结是半导体器件，也是太阳能电池的核心。

（三）太阳能光伏发电原理

太阳能电池的基本结构就是一个大面积屏幕p–n结。由于在结区附近电子和空穴互相扩散，从而在结区形成一个由n区指向p区的内建电场。

如果光线照射在太阳能电池上并且光在界面层被吸收，被吸收的光能激发被束缚的高能级状态下的电子，产生电子–空穴对，在p–n结的内建电场作用下，电子、空穴相互运动，n区的空穴向p区运动，p区的电子向n区运动，使太阳能电池的受光面由大量负电荷（电子）积累，而在电池的被光面有大量正电荷（空穴）积累，这个过程也就是上面所说的光生伏打效应。若在电池两端接上负载，只要太阳光照不断，负载上就一直有电流通过，如此就实现了光电转换。在这种发电过程中，太阳能电池本身既不发生任何化学变化，也没有机械磨耗；在使用过程中，无噪声，无气无味，对环境无污染。

在光照条件下，只有具有足够能量的光子进入 p-n 结区附近才能产生电子-空穴对。对于晶体硅太阳能电池来说，太阳光谱中波长小于1.1pm的光线都可以产生光伏效应。不同材料的太阳能电池，其光谱相应的范围是不同的。从电解质传递过来的质子和从外电路传递过来的电子结合生成水分子。总的电池反应如式（4-1）所示：

$$H_2 + O_2 \rightarrow H_2O \quad (E^0 = 1.23V) \tag{4-1}$$

这一过程显然与氢气和氧气的燃烧反应是一样的。但是发生燃烧反应时，氢气与氧气直接接触，释放出的是热能。而在燃料电池中，氢气和氧气并无直接接触，它们的氧化和还原在各自的电极上进行。由于两个电极反应的电势不同，从而在两个电极间产生电势差，其推动电子从电势低的阳极向电势高的阴极流动，并释放出电能。这一过程就和水从高处流往低处时势能转化为动能是一个道理。从燃料电池的工作原理可以看出，燃料电池是一个能量转化装置，只要外界源源不断地提供燃料和氧化剂，燃料电池就能持续发电。

从燃料电池的工作原理不难发现，可以作为燃料电池的燃料和氧化剂的物质有很多种，但目前常用的燃料是氢气，氧化剂是来自空气中的氧气。原因主要是氢气电化学氧化反应快，空气无成本且可直接取自电池周围的环境中；电池的唯一排放物为水，从而实现零污染排放，符合当今对洁净能源转换技术的要求。但是，自然界中并不存在氢气，氢以化合物的形式存在于水、石油、天然气等之中。如何从这些物质中经济环保地提取氢气，对燃料电池技术的大规模应用是非常重要的。

第二节 风能发电的基本理论

一、风能的计算

（一）风能公式

风能利用是将流动的空气拥有的动能转换为其他形式的能量，因此计算风能的大小也就是计算流动空气所具有的动能。由流体力学可知，气流的动能为

$$E=(1/2)mv^2 \quad (4-2)$$

式中：m——气体的质量，kg。

v——气体的速度，m/s。

设单位时间内气流流过截面积为A，气体的体积为V，则

$$V=Av \quad (4-3)$$

如果以ρ为空气密度，该体积的空气质量为

$$m=\rho V=\rho Av \quad (4-4)$$

这时气流所具有的动能为

$$E=(1/2)\rho Av^3 \quad (4-5)$$

式（4-5）为风能的表达式。在国际单位制中，ρ的单位是kg/m³；V的单位是m³；v的单位是m/s；E的单位是W。

从式（4-5）可以看出，风能的大小与气流密度和通过的面积成正比，与气流速度的立方成正比。其中，ρ和v随地理位置、海拔、地形等因素而变化。

流动的空气所具有的动能在通过风力机转化为其他形式的能量时，还有一个转化率的问题，最理想的转化率C_p（风力机的功率系数）与风能的乘积即为理论可用风能。最理想条件下，仅仅为0.593。

（二）风能密度

为了评价一个地区风能的大小，风能密度是最有价值和最为方便的量。风能密度是流动空气在单位时间内垂直流过单位截面积的风能。即

$$\omega = (1/2)\rho v^3 \tag{4-6}$$

式中：ω——风能密度，单位为 N·m/(s·m^2)，即 W/m^2。

由于风速是一个随机性很大的量，必须通过一定长度的观测来了解它的平均状况，因此在一段时间长度内的平均风能密度可以将式（4-6）对时间积分后平均，即计算出平均风能密度 $\overline{\omega}$。

$$\overline{\omega} = (1/T)\int_0^T \frac{1}{2}\rho v^3 \tag{4-7}$$

（三）有效可用风能

由于需要根据一个确定的风速来确定风力机的额定功率，这个风速称为额定风速。风力工程中，把风力机开始运行做功时的这个风速称为启动风速或切入风速。大到某一极限风速时，风力机就有被损坏的危险，必须停止运行，这一风速称为停机风速或切出风速。因此，在统计风速资料计算风能潜力时，必须考虑这两种因素。通常将切入风速到切出风速之间的风能称为有效风能。

当风速由微速增加到"启动风速" v_m 时，风力机才开始做功。并且在这一风速下，风轮轴上的功率等于整机空载时自身消耗的功率，风力机还不能对用户输出功率。之后，风速继续增加，风力机开始对外界输出功率，达到"额定风速" v_N 时，风力机输出额定功率。高于这个风速时，由于调节系统控制，风力机的功率一般将保持不变。如果风速继续增加，达到"停机风速" v_M，为了保证机组的安全，超过这个风速必须停机，风力机不再输出功率。

（四）年平均有效风能密度

年平均有效风能密度 $\overline{\omega}$ 是指一年中有效风速 $v_m \sim v_N$ 范围内的风能平均密度，它的计算式为

$$\overline{\omega} = \int_0^T \frac{1}{2}\rho v^3 \rho'(v) dv \tag{4-8}$$

式中：$\rho'(v)$——有效风速范围内风能密度的条件概率分布函数。

即在$v_m \leq v \leq v_N$风速范围条件下，发生的风能密度的概率。依条件概率的定义，存在以下关系：

$$\rho'(v) = \rho(v)/\rho(v_m \leq v \leq v_N) = \rho(v)/[\rho(v \leq v_N) - \rho(v \leq v_m)] \quad (4-9)$$

二、风力机的功率

风的动能与风速的平方成正比。当一个物体使流动的空气速度变慢时，流动的空气中的动能部分转变成物体上的压力能，整个物体上的压力就是作用在这个物体上的力。

功率是力和速度的乘积，这也可以用于风轮的功率计算。因为风力与速度的平方成正比，所以风的功率与速度的三次方成正比。如果风速增加1倍，风的功率便增加8倍。这在风力机设计中是一个很重要的概念。

风力机的风轮是从空气中吸收能量的，而不是像飞机螺旋桨那样，把能量投入空气中去。所以当风速加倍时，风轮从气流中吸收的能量增加8倍。在确定风力机的安装位置和选择风力机型号时，都必须考虑这个因素。

风轮从风中吸收的功率可以用式（4-10）表示，即

$$P = (1/2) C_p A \rho v^3 \quad (4-10)$$

$$A = \pi R^2 \quad (4-11)$$

式中：P——风轮输出的功率。

C_p——风轮的功率系数。

A——风轮扫略面积。

ρ——空气密度。

v——风速。

R——风轮半径。

如果接近风力机的空气的全部动能都被转动的风轮叶片所吸收，那么风轮后的空气就不动了，然而空气不可能完全停止，所以风力机的效率总是小于1。

贝兹假设了一种理想的风轮，即假设风轮是一个平面圆盘（叶片无穷多），空气没有摩擦和黏性，流过风轮的气流是均匀的，且垂直于风轮旋转平面，气流可以看作不可压缩的，速度不大，所以空气密度可看作不变。当气流通

过圆盘时，因为速度下降，流线必须扩散。利用动量理论，圆盘上游和下游的压力是不同的，但在整个盘上是个常量。实际上，假设现代风力机一般具有2～3个叶片的风轮，用一个无限多的薄叶片的风轮所替代。

第三节 太阳能发电的基本理论

一、太阳能电池等效电路

太阳能电池的电路及等效电路中，R_L为电池的外负载电阻；R_s为串联电阻，它主要由电池的体电阻、表面电阻、电极导体电阻、电极与硅表面间接触电阻组成；R_{sh}为旁漏电阻，它主要由电池表面污浊和半导体晶体缺陷引起的漏电流所对应的$p-n$结漏泄电阻和电池边缘的漏泄电阻组成。一个理想的太阳能电池，串联的R_s很小，并联的R_{sh}很大。由于R_s和R_{sh}分别串联和并联在电路中，所以在进行理想的电路计算时，它们可以忽略不计。

二、太阳能电池的短路电流

短路电流就是将太阳能电池置于标准光源照射下，在输出端短路时，流过太阳能电池两端的电流，用符号I_{sc}表示。测量短路电流的方法是，用内阻小于1Ω的电流表接到光伏电池的两端进行测量。当$R_L=0$时，所测的电流为电池的短路电流。I_{sc}的值与太阳能电池的面积大小有关，面积越大，I_{sc}值越大。一般来说，$1cm^2$硅太阳能电池的I_{sc}值均为16～30mA。同一块太阳能电池，其I_{sc}与入射光的辐照度成正比；当环境温度升高时，I_{sc}值也会略有上升。一般来讲，温度每升高$1℃$，I_{sc}值上升$78\mu A$。

三、太阳能电池的开路电压

开路电压是把光伏电池置于$100\ mW/cm^2$的光源照射下，在两端开路时，太阳能电池的输出电压值，用符号U_{oc}表示。可用高内阻的直流毫伏计测量电池的开路电压。当$R_L \to \infty$时,所测得的电压为电池的开路电压。太阳能电池的开路电压与光谱辐照度有关,与电池面积的大小无关。在100 mW/cm²的光源照射下,硅太阳能电池的开路电压为450~600mV,最高可达690mV。当入射光谱辐照度变化时,太阳能电池的开路电压与入射光谱辐照度的对数成正比。当环境温度升高时,太阳能电池的开路电压值将下降,一般温度每上升1℃,U_{oc}值下降2~3mV。

四、太阳能电池的伏-安特性

I_D(二极管电流)为通过p-n结的总扩散电流,其方向与I_{sc}相反。在进行理想的电路计算时,R_s和R_{sh}可以忽略不计。此时,流过负载的电流为I_L。

$$I_L = I_{sc} - I_D \quad (4-12)$$

理想的p-n结特性曲线方程为

$$I_L = I_{sc} - I_D \left(e^{\frac{qU}{AKT}} - 1 \right) \quad (4-13)$$

式中:I_D——太阳能电池在无光照时的饱和电流,A。

q——电子电荷,C。

K——玻尔兹曼常数。

T——热力学温度,K。

A——常数因子(正偏电压大时,A值为1;正偏电压小时,A值为2)。

e——自然对数的底。

当I_L=0时,电压U即为U_{oc},可用式(4-14)表示。

$$U_{oc} = (AKT/q) \ln (I_{sc}/I_D + 1) \quad (4-14)$$

根据以上两式作图,可得到太阳能电池的电流-电压关系曲线。这个曲线,可简称为I-U曲线,或伏-安曲线。

太阳能电池的电流-电压特性曲线显示了通过太阳能电池(组件)传送的电流I_m与电压U_m在特定的太阳辐照度下的关系。

如果太阳能电池(组件)电流短路,即U=0,此时电流为短路电流I_{sc};如果电流开路,即I=0,此时的电压为开路电压U_{oc}。太阳能电池(组件)的输出功率等于流经该电池(组件)的电流与电压的乘积,即P=UI。

当太阳能电池（组件）的电压上升时，如通过增加负载的电阻值或电池（组件）的电压从0（短路条件下）开始增加时，电池（组件）的输出功率亦从0开始增加；当电压达到一定值时，功率可达到最大，这时当阻值继续增加时，功率将跃过最大点，并逐渐减少至0，即电压达到开路电压U_{oc}。电池（组件）输出功率达到最大的点，称为最大功率点；该点所对应的电压称为最大功率点电压U_m，又称最大工作电压；该点所对应的电流称为最大功率点电流I_m，又称为最大工作电流；该点的功率则称为最大功率P_m。

太阳能电池（组件）的输出功率取决于太阳辐照度、太阳光谱分布和太阳能电池（组件）的工作温度，因此太阳能电池（组件）的测量需在标准条件（Science & Technology Consulting，STC）下进行，测量标准被欧洲委员会定义为101号标准，其条件是：光谱辐照度，1 000W/m^2；光谱，AM1.5；电池温度，25℃。在该条件下，太阳能电池（组件）所输出的最大功率被称为峰值功率，在以瓦为计量单位时称为峰瓦，用符号W_p表示。

五、太阳能电池的填充因子

太阳能电池的填充因子指太阳能电池最大功率与开路电压和短路电流乘积的比值，用符号FF表示，即

$$FF=(U_mI_m)/(U_{oc}I_{sc})=P_m/(U_{oc}I_{sc}) \qquad (4-15)$$

填充因子是评价太阳能电池输出特性好坏的一个重要参数，它的值越高，表明太阳能电池输出特性越趋近于矩形，电池的光电转换效率越高。

六、太阳能电池的光谱响应

太阳光谱中，不同波长的光具有的能量是不同的，所含的光子的数目也是不同的，因此太阳能电池接受光照射所产生的光子数目也就不同。为反映太阳能电池的这一特性，引入了光谱响应这一参量。

太阳能电池在入射光中每一种波长的光的作用下，所收集到的光电流与相对于入射到电池表面的该波长光子数之比，称为太阳能电池的光谱响应，又称为光谱灵敏度。光谱响应有绝对光谱响应和相对光谱响应之分。

分析光伏电池的光谱响应，通常是讨论它的相对光谱响应。其定义是，当

各种波长以一定等量的辐射光子束入射到光伏电池上,所产生的短路电流与其中最大短路电流相比较,按波长的分布求其比值变化曲线,即为相对光谱响应。而绝对光谱响应指的是,当各种波长的单位辐射光能或对应的光子入射到光伏电池上,将产生不同的短路电流,按波长的分布求出对应短路电流变化曲线。

对于不同波长的入射太阳光之不同波长光分量,硅型光伏电池有不同的灵敏度。能够产生光生伏特效应的太阳辐射波长范围一般在$0.4 \sim 1.2 \mu m$,不论是波长小于$0.4 \mu m$的太阳光分量辐射,还是波长大于$1.2 \mu m$的太阳光分量辐射,都不能使硅型光伏电池产生光生电流;而硅型光伏电池光谱响应最大灵敏度在$0.8 \sim 0.95 \mu m$。

七、光电转换效率(输出效率)

太阳能电池的光电转换效率是指电池受光照时的最大输出功率与照射到电池上的入射光电功率P_{in}的比值,用符号η表示,即

$$\eta = (U_m I_m)/P_{in} = P_m/P_{in} \tag{4-16}$$

太阳能电池的光电转换效率是衡量电池质量和技术水平的重要参数,它与电池的结构、结特性、材料性质、工作温度、放射性粒子辐射损伤和环境变化等有关。目前硅太阳能电池的理论光电转换效率的上限值为33%左右,商品硅太阳能电池的光电转换效率一般为12%~15%,高效硅太阳能电池的光电转换效率可达18%~20%。

第四节 燃料电池发电的基本理论

燃料电池发电是一个电化学过程,它的发电效率取决于化学反应的吉布斯(Gibbs)自由能变换和反应热,不受卡诺循环的限制,可直接把燃料的化学能转化为电能,同时释放一些可利用的热量。

一、可逆热电动力过程

可逆热电动力过程,当体系处于可逆条件下时,即电极及电池的反应都是可逆的,本质上也就是无净电流通过时。在恒定的温度和压力下,电化学反应的吉布斯自由能变化量(OG)是燃料电池能获得的最大电功率(W_{max}),可以用式(4-17)表示:

$$W_{max}=\Delta G= -nFE \qquad (4-17)$$

式中:n——参与电化学反应的电子数。

F——Faraday常数(96439C/mol电子)。

E——电池的可逆电动势。

燃料电池的各种电化学反应都同时产生电和热。对于燃料电池来说,可以从化学反应的自由能变化来获得电力,而热机过程则主要依靠焓的变化来达到能量的转换。在化学反应中,自由能与焓(H)、熵(S)的变化关系可表示为

$$\Delta G=\Delta H-T\Delta S \qquad (4-18)$$

电化学反应的理论发电效率可表示为

$$\eta=\Delta G/\Delta H \qquad (4-19)$$

假定化学反应为

$$aA+bB \rightarrow cC+dD \qquad (4-20)$$

实际运行状态下的反应自由能可表示为

$$\Delta G = \Delta G^0 + RT\ln[([C]^c[D]^d)/([A]^a[B]^b)] \quad (4-21)$$

实际运行状态下的电动势可表示为

$$E = E^0 + (RT/nF)\ln[([C]^c[D]^d)/([A]^a[B]^b)] \quad (4-22)$$

式中：R——通用气体常数。

[ ]——化学反应物与生成物的活性。

G^0、E^0——分别为标准状态（25℃，1个大气压）的吉布斯自由能和电池的可逆电动势。

因此，燃料电池的电动势取决于反应物和生成物的活性，反应物活性越强，生成物的活性越弱，产生的电动势就越大。反应温度的变化对燃料电池的电动势有很大的影响。从燃料电池中三种主要反应的可逆电动势随温度的变化关系可以看出，H_2和CO的氧化反应产生的电动势随着温度的升高明显减小，而CH_4的氧化反应产生的电动势几乎不随温度变化。因此，高温燃料电池的开路电压比低温燃料电池低。在实际的燃料电池中，若燃料相同，则质子交换膜燃料电池（Proton exchange membrane fuel cell，PEMFC）的开路电压较高，磷酸燃料电池（Phosphoric acid fuel cell，PAFC）的开路电压比熔融碳酸盐燃料电池（Molten Carbonate Fuel Cell，MCFC）高0.15V，MCFC的开路电压比固体氧化物燃料电池（Solid Oxide Fuel Cell，SCPC）高0.1V。

二、不可逆的热电动力过程

只有当燃料电池与负荷组成闭合回路，化学反应产生的电能才能转化为有用功。但是在闭合回路中，由于存在许多不可逆的损失，达到平衡时的燃料电池的电动势比开路时的电动势要小。这种不可逆的损失主要有欧姆极化损失（U_{ohm}）、浓度极化损失（U_{con}）、活性极化损失（U_{act}）。

（1）欧姆极化损失主要是指离子在电解质中移动的阻力和电子在电极中移动的阻力造成的电压损失。可通过增强电解质的导电性和减小电极的接触电阻来控制欧姆极化损失。

（2）浓度极化损失是指反应物在电化学反应中迅速消耗时，会在电池内建立一定的浓度梯度，形成浓度极化损失。浓度极化损失主要由以下过程形成：在电极的微孔中气相的缓慢扩散；进入和离开电解质的反应物或生成物的溶解和解析；通过电解质进入或离开电化学反应区域的反应物或生成物的扩散。在实际过程中，反应物或生成物进入或离开电化学反应区域缓慢地传输是浓度极化的主要原因。

（3）活性极化损失是指电极表面的电化学反应活性减弱，活性极化直接影响着电化学反应的速率。电化学反应的活性极化同一般化学反应一样，必须通过加入催化剂予以克服。

一般地，$U_{act} \geq 50 \sim 100 \text{mV}$。简而言之，反应物的吸收、电子的传输、生成物的解析以及电极表面的特性都会造成活性极化。活性极化和浓度极化在燃料电池的阴极和阳极会同时存在，那么，电极的总极化损失就是活性极化损失和浓度极化损失之和。极化的结果使得电极的电动势减小。在闭合回路情况下，电池的电压可表示为

$$U_{cell} = \Delta E_e - |U_{cathode}| - |U_{anode}| - U_{ohm} \qquad (4-23)$$

式中：$U_{cathode}$、U_{anode}——阴极和阳极的极化损失。

$$\Delta E_e = E_{cathode} - E_{anode} \qquad (4-24)$$

式（4-24）表明，在有电流产生的情况下，由于极化损失和电阻的存在，电池的电压减小。为了使电池的运行电压接近开路电压E_e，可采取多种措施，主要是：调整运行参数（如提高运行压力、运行温度及改变气体成分等）；改变电极的结构，提高电解质导电性能；采用更好的电催化剂等。然而，通过改变操作参数来提高性能会带来电池设备可靠性降低和寿命缩短的问题。

除上述几种损失外，还存在接触损失和内部电流交换损失。接触损失是指电极和连接件之间的电阻可以被归结到欧姆损失中。电流交换损失是指电子在电解质中的移动造成的电阻，即使在开路情况下，电池内部由于有电动势差，也有电子迁移到阴极。以SOFC为例，一旦有O_2形成，那么O_2通过电解质迁移到阳极，并释放电子，电子再返回阴极，形成了内部电流。这种损失随着外部电流的增加而减小，是唯一的一种因外部电流增加而减小的损失。

三、燃料电池的效率

根据上面的分析，燃料电池的理论极限效率为

$$\eta_{max} = \Delta G / \Delta H \qquad (4-25)$$

根据H_2、CO、CH_4这三种燃料电池主要燃料电化学反应的理论发电效率随温度的变化关系,这与前文中温度对这三种燃料化学反应电动势的影响规律相同。其中,以CH_4为燃料时,发电效率不随温度变化;以H_2和CO为燃料时,发电效率随温度的升高而降低,即温度升高,焓变化中热量的份额增加,电能的份额减小。由于电极极化损失、内阻和燃料利用率不高等因素,实际的燃料电池发电效率可表示为

$$\eta=\eta_{max}(U_{cell}/\Delta E_e)u_f \tag{4-26}$$

式中:U_{cell}——电池的工作电压。

ΔE_e——电池开路电压。

u_f——燃料利用率。

第五章　风能及其发电技术

第一节　风及风能

一、风的形式

（一）大气环流

风的形成是空气流动的结果。空气流动的原因是地球绕太阳运转，由于日地距离和方位不同，地球上各纬度所接受的太阳辐射强度也就各异。赤道和低纬度地区比极地和高纬度地区太阳辐射强度强，地面和大气接受的热量多，因而温度高，这种温差形成了南北间的气压梯度，在等压面空气向北流动。

由于地球自转形成的地转偏向力称科里奥利力，简称偏向力或科氏力。在此力的作用下，在北半球，气流向右偏转；在南半球，气流向左偏转。所以，地球大气的运动，除受到气压梯度力的作用外，还受到地转偏向力的影响。地转偏向力在赤道为零，随着纬度的增高而增大，在极地达到最大。

由于地球表面受热不均，引起大气层中空气压力不均衡，因此形成地面与高空的大气环流。各环流圈伸屈的高度，以赤道最高，中纬度次之，极地最低，这主要是由于地球表面增热程度随纬度增高而降低的缘故。这种环流在地球自转偏向力的作用下，形成了赤道到纬度30°N环流圈（哈德来环流）、纬度30°~60°N环流圈和纬度60°~90°N环流圈，这便是著名的三圈环流。当然，所谓三圈环流乃是一种理论的环流模型。由于地球上海陆的分布不均匀，因此实际的环流比上述情况要复杂得多。

（二）季风环流

在一个大范围地区内，它的盛行风向或气压系统有明显的季节变化，这种在一年内随着季节不同有规律转变风向的风，称为季风。季风盛行地区的气候又称季风气候。

亚洲东部的季风主要包括中国的东部、朝鲜、日本等地区。亚洲南部的季风以印度半岛最为显著，这就是世界闻名的印度季风。

中国位于亚洲的东南部，所以东亚季风和南亚季风对中国天气变化影响都很大。形成中国季风环流的因素很多，主要是由于海陆差异、行星风带的季风转换以及地形特征等。

1.海陆分布对中国季风的作用

海洋的热容量比陆地大得多。冬季，陆地比海洋冷，大陆气压高于海洋，气压梯度力自大陆指向海洋，风从大陆吹向海洋；夏季则相反，陆地很快变暖，海洋相对比较冷，陆地气压低于海洋，气压梯度力由海洋指向大陆，风从海洋吹向大陆。

中国东临太平洋，南临印度洋，冬夏的海、陆温差大，所以季风明显。

2.行星风带位置、季节转换对中国季风的作用

地球上存在着5个风带，信风带、盛行西风带、极地东风带在南半球和北半球是对称分布的。这5个风带，在北半球的夏季都向北移动，而冬季则向南移动。这样，冬季西风带的南缘地带在夏季可以变成东风带。因此，冬夏盛行风就会发生180°的变化。

冬季，中国主要在西风带的影响下，强大的西伯利亚高压笼罩着全国，盛行偏北气流；夏季，西风带北移，中国在大陆热低压控制之下，副热带高压也北移，盛行偏南风。

3.青藏高原对中国季风的作用

青藏高原占中国陆地面积的1/4，平均海拔在4 000 m以上，对应于周围地区具有热力作用。在冬季，高原上温度较低，周围大气温度较高，这样形成下沉气流，从而加强了地面高压系统，使冬季风增强；在夏季，高原相对于周围自由大气是一个热源，加强了高原周围地区的低压系统，使夏季季风得到加强。另外，在夏季，西南季风由孟加拉湾向北推进，沿着青藏高原东部的南北走向的横断山

脉流向中国的西南地区。

（三）局地环流

1.海陆风

海陆风的形成与季风相同，也是由大陆和海洋之间的温度差异的转变引起的。不过海陆风的范围小，以日为周期，势力也是相对薄弱。

由于海陆物理属性的差异，造成海陆受热不均。白天，陆上增温较海洋快，空气上升，而海洋上空气温相对较低，使地面有风自海洋吹向大陆，补充大陆地区上升气流，而陆上的上升气流流向海洋上空而下沉，补充海上吹向大陆的气流，形成一个完整的热力环流；夜间环流的方向正好相反，所以风从陆地吹向海洋。将这种白天从海洋吹向大陆的风称海风，夜间从陆地吹向海洋的风称陆风，将一天中海陆之间的周期循环性流总称为海陆风。

海陆风的强度在海岸最大，随着离岸距离的增加而减弱，一般影响距离约为 20~50 km。海风的风速比陆风大，在典型的情况下，风速可达 4~7 m/s，而陆风一般仅为 2 m/s 左右。海陆风最强烈的地区，发生在温度日变化最大及昼夜海陆温差最大的地区。低纬度日照强，所以海陆风较为明显，尤以夏季为甚。此外，在大湖附近，同样日间有风自湖面吹向陆地，称为湖风；夜间风自陆地吹向湖面，称为陆风，合称湖陆风。

2.山谷风

山谷风的形成原理跟海陆风是类似的。白天，山坡接受太阳光热较多，空气增温较多；而山谷上空，同高度上的空气因离地较远，增温较少。于是上坡上的暖空气不断上升，并从上坡上空流向谷地上空，谷底的空气则沿山坡向山顶补充，这样便在山坡与山谷之间形成一个热力环流。下层风由谷底吹向上坡，称为谷风。到了夜间，山坡上的空气受山坡辐射冷却影响，空气降温较多；而谷地上空，同高度的空气因离地面较远，降温较少，于是山坡上的冷空气因密度大，顺山坡流入谷地，谷底的空气因汇合而上升，并从上面向山顶上空流去，形成与白天相反的热力环流。下层风由山坡吹向谷地，称为山风。山风和谷风总称为山谷风。

山谷风风速一般较弱，谷风比山风大一些，谷风速度一般为 2~4 m/s，有时可达 6~7 m/s。谷风通过山隘时，风速加大。山风速度一般仅为 1~2 m/s，但在峡谷中，风力还能增大一些。

（四）中国风能资源的形成

风能资源的形成受多种自然因素的复杂影响，特别是天气气候背景及地形和海陆的影响至关重要。由于风能在空间分布上是分散的，在时间分布上它也是不稳定和不连续的，也就是说，风速对天气变化非常敏感，时有时无，时大时小，尽管如此，风能资源在时间和空间分布上仍存在着很强的地域性和时间性。对中国来说，风能资源丰富及较丰富的地区主要分布在北部和沿海及其岛屿，其他只是在一些特殊地形或湖岸地区成孤岛式分布。

1.三北（西北、华北、东北）地区风能资源丰富区

冬季（12月至次年2月），整个亚洲大陆完全受蒙古高压控制，其中心位置在蒙古人民共和国的西北部，在高压中不断有小股冷空气南下，进入中国，同时还有移动性的高压（反气旋）不时地南下。南下时，气温较低，若一次冷空气过程中其最低气温为5℃以下，且这次过程中日平均气温48h内最大降温达10℃以上时，称为一次寒潮，不符合这个标准的称为一次冷空气。

欧亚大陆面积广阔，北部气温低，是北半球冷高压活动最频繁的地区，而中国地处亚欧大陆南岸，正是冷空气南下必经之路。三北地区的冷空气入侵中国的前沿，一般冷高压前锋称为冷锋，在冷锋过境时，在冷锋后面200 km附近经常可出现大风，可造成一次6~10级（10.8~24.4 m/s）大风。而对风能资源利用来说，就是一次可以有效利用的高质量风速。强冷空气除在冬季入侵外，在春秋季节也常有入侵。

从中国三北地区向南，由于冷空气从源地长途跋涉，到达中国黄河中下游再到长江中下游，地面气温有所升高，原来寒冷干燥的气流性质逐渐改变为较冷湿润的气流性质（称为变性），也就是冷空气逐渐变暖，这时气压差也变小，所以风速由北向南逐渐减小。

中国东部处于蒙古高压的东侧和东南侧，所以盛行风向都是偏北风，只视其相对蒙古高压中心的位置不同而实际偏北的角度有所区别。三北地区多为西北风，秦岭黄河下游以南的广大地区盛行风向偏于北和东北之间。

春季（3—5月）是由冬季到夏季的过渡季节，由于地面温度不断升高，从4月开始，中、高纬度地区的蒙古高压强度已明显减弱，而这时印度低压（大陆低

压)及其向东北伸展的低压槽已控制了中国的华南地区,与此同时,太平洋副热带高压也由菲律宾向北逐渐侵入中国华南沿海一带,这几个高、低气压系统的强弱、消长都对中国风能资源有着重要的作用。

在春季,这几种气流在中国频繁地交替。春季是中国气旋活动最多的季节,特别是中国东北及内蒙古一带气旋活动频繁,造成内蒙古和东北的大风和沙暴天气。同样,江南气旋活动也较多,但造成的却是春雨和华南雨季。这也是三北地区风资源较南方丰富的一个主要的原因。全国风向已不如冬季那样稳定少变,但仍以偏北风占优势,但风的偏南分量显著地增加。

夏季(6—8月)东南地面气压分布形势与冬季完全相反。这时中、高纬度的蒙古高压向北退缩得已不明显,相反地,印度低压继续发展控制了亚洲大陆,为全国最盛的季风。太平洋副热带高压此时也向北扩展和单路西伸。可以说,东亚大陆夏季的天气变化基本上受这两个环流系统的强弱和相互作用所制约。

随着太平洋副热带高压向西、北方向扩展,中国东部地区均可受到它的影响,此高压的西部为东南气流和西南气流带来了丰富的降水,但高、低压间压差小,风速不大,夏季是全国全年风速最小的季节。

夏季,大陆为热低压,海上为高压,高、低压间的等压线在中国东部几乎呈南北向分布的形式,所以夏季风盛行偏南风。

秋季(9—11月)是由夏季到冬季的过渡季节,这时印度低压和太平洋高压开始明显衰退,而中高纬度的蒙古高压又开始活跃起来。冬季风来得迅速,且维持稳定。此时,中国东南沿海已逐渐受到蒙古高压边缘的影响,华南沿海由夏季的东南风转为东北风。三北地区秋季已确立了冬季风的形势。各地多为稳定的偏北风,风速开始增大。

2.东南沿海及其岛屿风能资源丰富的地区

其形成的天气气候背景与三北地区基本相同,所不同的是,海洋与大陆由两种截然不同的物质所组成,两者的辐射与热力学过程都存在着明显的差异。大陆与海洋间的能量交换不大相同,海洋温度变化慢,具有明显的热惰性;大陆温度变化快,具有明显的热敏感性,冬季海洋较大陆温暖,夏季海洋较大陆凉爽。

在冬季,每当冷空气到达海上时,风速增大,再加上海洋表面平滑,摩擦力小,一般风速比大陆增大2~4 m/s。

东南沿海又受台湾海峡的影响,每当冷空气南下到达时,由于狭窄效应的结果使风速增大，因此是风能资源最佳的地区。

在沿海，每当夏秋季节均受到热带气旋的影响，中国现行的热带气旋名称和等级标准见表5-1。当热带气旋风速达到8级（17.2 m/s）以上时称为台风。台风是一种直径为1 000 km左右的圆形气旋，中心气压极低，距台风中心10～30 km的范围内是台风眼，台风眼中天气极好，风速很小。在台风眼外壁，天气最为恶劣，最大破坏风速就出现在这个范围内，所以一般只要不是在台风正面直接登陆的地区，风速一般小于10级（26 m/s），它的影响平均有800～1 000 km的直径范围。每当台风登陆后，沿海可以产生一次大风过程，而风速基本上在风力机切出风速范围之内，这是一次满发电的好机会。

表5-1 热带气旋名称和等级标准

中心附近最大风力等级	国际热带气旋名称	中国现行热带气旋名称	
		对国内	对国外
6～7	热带低压	热带低压	热带低压
8～9	热带风暴	台风	热带风暴
10～11	强热带风暴		
12或12以上	台风	强台风	台风

登陆台风在中国每年有11个，而广东每年登陆台风最多，为3.5次；海南次之，为2.1次；福建为1.6次；广西、浙江、上海、江苏、山东、天津、辽宁等省（自治区、直辖市）合计仅为1.7次，由此可见，台风影响的地区由南向北递减。根据从台湾路径通过的次数进行等频率线图的分析可看出，南海和东海沿海频率远大于北部沿海，对风能资源来说也是南大北小。由于台风登陆后中心气压升高极快，再加上东南沿海东北西南走向的山脉重叠，所以形成的大风仅在距海岸几十千米内，风能功率密度由300 W/m^{2}锐减到100 W/m^{2}以下。

综上所述，冬春季的冷空气、夏秋的台风，都能影响到沿海及其岛屿。相对我国内陆地区来说，这里形成了风能丰富带。由于台湾海湾的狭窄效应的影响，东南沿海及其岛屿是风能最佳丰富区。中国的海岸线有18 000多千米，有6 000多个岛屿和近海广大的海域，这里是风能大有开发利用前景的地区。

3.内陆风能资源丰富地区

在两个风能丰富带之外，风能功率密度一般较小，但是在一些地区，由于湖泊和特殊地形的影响，风能比较丰富，如鄱阳湖附近较周围地区风能就大，湖南的衡山、湖北的九宫山和利川、安徽的黄山、云南的太华山等比较平地风能大。但是这些只限于很小范围之内，不像两大带那样大的面积。

青藏高原海拔在4 000 m以上，这里的风速比较大，但空气密度小，如海拔4 000 m以上的空气密度大致为地面的67%，也就是说，同样是8 m/s的风速，在平原上风能功率密度为313.6 W/m^2，而在海拔4 000 m只为209.9 W/m^2，所以对风能利用来说仍属一般地区。

（五）中国风速变化特性

1.风速年变化

各月平均风速的空间分布与造成风速的天气背景和地形以及海陆分布等有直接关系，就全国而论，各地年变化有差异，如三北地区和黄河中下游，全国风速最大的时期绝大部分出现在春季，风速最小出现在秋季。以内蒙古多伦为代表，风速最大的在3—5月，风速最小的在7—9月。冬季冷空气经三北地区奔腾而下，风速也较大，但春季不但有冷空气经过，而且气旋活动频繁，故而春季比冬季风要大些。北京也是3月和4月全年风速最大，7—9月风速最小。但在新疆北部，风速年变化情况和其他地区有所不同：春末夏初（4—7月）风速最大，冬季风速最小。这是由于冬季处于蒙古高压盘踞之下，冷空气聚集在盆地之下，下层空气极其稳定，风速最小，而在4—7月，特别是在5、6月，冷锋和高空低槽过境较多，地面温度较高，冷暖平流很强，容易产生较大气压梯度，所以风速最大。

东南沿海全年风速变化，以福建平潭为例，夏季风速较小，秋季风速最大。由于秋季北方冷高压加强南下，海上台风活跃北上，东南沿海气压梯度很大，再加上台湾海峡的狭窄效应，因此风速最大；初夏因受到热带高压脊的控制，风速最小。

青藏高原以班戈为代表，春季风速最大，夏季最小。在春季，风能由于高空西风气流稳定维持在这一地区，高空动量下传，所以风速最大；在夏季，由于高空西风气流北移，地面为热低压，因此风速较小。

2.风速日变化

风速日变化即风速在一日之内的变化。它主要与下垫面的性质有关，一般有陆地上和海上日变化两种类型。

陆地上风速日变化是白天风速大，午后14时左右达到最大，晚上风速小，在黎明前6时左右风速最小。这是由于白天地面受热，特别是午后地面最热，上下对流旺盛，高层风动量下传，使下层空气流动加速，而在午后加速最多，因此风速最大；日落后，地面迅速冷却，气层趋于稳定，风速逐渐减小，到日出前，地面气温最低，有时形成逆值，因此风速最小。

海上风速日变化与陆地相反，白天风速小，午后14时左右最小，夜间风速大，清晨6时左右风速最大，地面风速日变化是因高空动量下传引起的，而动量下传又与海陆昼夜稳定变化不同有关。由于海上夜间水温高于气温，大气层热稳定度比白天大，正好与陆地相反。另外，海上风速日变化的幅度较陆面为小，这是因为海面上水温和气温的日变化都比陆地小，陆地上白天对流强于海上夜间的缘故。

但在近海地区或海岛上，风速的变化既受海面的影响又受陆地的影响，所以风速日变化便不太典型地属于哪一类型。稍大的岛屿一般受陆地影响较大，白天风速较大，如嵊泗、成山头、南澳、西沙等。但有些较大的岛屿，如平潭岛，风速日变化几乎已经接近陆上风速日变化的类型。

风速的日变化还随着高度的增加而改变，如武汉阳逻铁塔高146 m，风的梯度观测有9层，即5 m、10 m、15 m、20 m、30 m、62 m、87 m、119 m、146 m。观测5年，不同高度风速日变化特点很不相同。大致在15~30 m处是分界线，在30 m以下的日变化是白天风大，夜间风小，在30 m以上随高度的增加，风速日变化逐渐由白天风大向夜间风大转变，到62 m以上基本上是白天风小，夜间风大。这一结果与北方锡林浩特铁塔4年的实测资料的结果有着明显的差异。

在低层10~118 m，都是日出后风速单调上升，直到午后达到最大，但达到最大的时间，低层10 m为14时，随高度增加向后推移；到118 m，风速最大的时间在17时左右。此后，随着午后太阳辐射强度的减弱，上下层交换又随之减弱，相应风速又开始下降，在7时左右风速最小，也是随高度向后推移，在118 m高度，风速最小值在9时左右。

这两地的风速随高度日变化不同，主要是由于武汉阳逻上下动量交换远比锡林浩特交换高度低所致。该结果同时也表明，中国北方地区昼夜温度场变化大，白天湍流交换比长江沿岸要大得多这一特点。因此在风能利用中，必须掌握各地不同高度风速日变化的规律。

(六) 风速随高度变化

在近地层中，风速随高度有显著的变化。造成风在近地层中的垂直变化的原因有动力因素和热力因素，前者主要来源于地面的摩擦效应，即地面的粗糙度，后者主要表现为与近地层大气垂直稳定度的关系。

风速与高度的关系式：

$$u_n = u_1 (z_n/z_1)^\alpha \quad (5-1)$$

式中：α——风速随高度变化系数。

u_1——高度为 z_1 时的风速。

u_n——高度为 z_n 时的风速。

一般直接应用风速随高度变化的指数律，以 10 m 为基准，订正到不同高度上的风速，再计算风能。

由式（5-1）可知，风速垂直变化取决于 α 值。α 值的大小反映风速随高度增加的快慢，α 值大，表示风速随高度增加得快，即风速梯度大；α 值小，表示风速随高度增加得慢，即风速梯度小。

α 值的变化与地面粗糙度有关，地面粗糙度是随地面的粗糙程度变化的常数。在不同的地面粗糙度的情况下，风速随高度变化差异很大。粗糙地面比光滑地面更易在近地层中形成湍流，使得垂直混合更为充分，混合作用加强，近地层风速梯度就减小，而梯度风的高度就较高，也就是说，粗糙的地面比光滑的地面到达梯度风的高度要高，所以使得粗糙的地面层中的风速比光滑地面的风速小。

指数 α 值的变化一般为 1/15～1/4，最常用的是 1/7（α=0.142），1/7 代表气象站地面粗糙度。为了便于比较，能够计算出 α=0.12、0.142、0.16 时的三种不同地面粗糙度。

α 值也可根据现场实测 2 层以上的资料推算出来，由式（5-2）可以算出 α 的计算公式为

$$\alpha = (\ln u_n - \ln u_1) / (\ln z_n - \ln z_1) \quad (5-2)$$

二、风能资源的计算及其分布

在了解了地球上风的形成和风带的分布规律之后，将进一步估计某一地区以

及更大范围内风能资源的潜力。这是风能利用的基础，也是最重要的工作。因为任何风能利用装置，从设计、制造到安装使用以及使用效果，都必须考虑风能资源状况。

如前所述，地球上风的形成主要是由于太阳辐射造成地球各部分受热的不均匀，因此形成了大气环流以及各种局地环流。除了这些有规则的运动形式，自然界的大气运动还有复杂而无规则的乱流运动。因此，这就给对风能资源潜力的估计、风电场的选址带来了很大的困难，但是在大的天气背景和有利的地形条件下仍有一定的规律可循。

（一）中国风能资源总储量的估计

要估算风能利用究竟有多大的发展前景，就需要对它的总储量有一个科学的估计。这样在制定今后可以发展的各种能源比例上就可以进行更合理的配置，充分发挥其效益。

对全球风能储量的估计早在1948年曾由普特南姆进行了估算。他认为，大气总能量约为10^{14} MW，这个数量得到世界气象组织的认可，并在1954年世界气象组织在它出版的技术报告第4期来自风的能量专集中进一步假定上述数量的千万分之一是可为人们所利用的，即有10^7 MW为可利用的风能。这相当于10 000个每座发电量为100万千瓦的利用燃料发电的发电厂的发电量。这个数量相当于当今全世界能源的总需求量。可见，它是一个十分巨大的潜在能源库。然而冯阿尔克斯在1974年认为上述的量过大，这个量只是一个贮藏量，对于可再生能源来说，必须跟太阳能的流入量对它的补充相平衡，其补充率较它小时，它将会衰竭，因此人们关心的是可利用的风的动能。他认为，地球上可以利用的风能为10^6MW，即使如此，可利用风能的数量仍旧是地球上可利用的水力的10倍。因此在可再生能源中，风能是一种非常可观的、有前途的能源。

古斯塔夫逊在1979年从另一个角度推算了风能利用的极限。他根据风能从根本上说是来源于太阳能这一理论，认为可以通过估计到达地球表面的太阳辐射流有多少能够转变为风能，来得知有多少可利用的风能。根据他的推算，到达地球表面的太阳辐射流是1.8×10^{17}W，经折算后也就是350 W/m^2，其中转变为风的转换率$\eta=0.02$，可以获得的风能为3.6×10^{15}W，即7 W/m^2。在整个大气层中边界层占有35％，也就是边界层中能获得的风能为1.3×10^{15}W，即2.5 W/m^2。作为一种稳妥的估计，在近地面层中的风能提取极限是它的1/10，即0.25 W/m²，全球的总量就是1.3×10^{14}W。古斯塔夫逊根据埃尔撒西尔所作的全球不同高度上大气动能耗散率的图，认为美国本土相当接近全球耗散率，因此按美国8×10^{12}m²面积计算了美国在边界层范围内风能获得量为2×10^{13}W，而可以被提取利用的量是2×10^{12}W，这个数量是目前美国发电总装机容量7×10^{11}W的3倍。

根据全国年平均风能功率密度分布图，利用每平方米25W、50W、100W、200W等各等值线区间的面积乘各等级风能功率密度，然后求其各区间之和，可计算出全国10 m高度处风能储量为322.6×10^{10}W，即32.26×10^{8}kW，这个储量称作理论可开发量。要考虑风力机间的湍流影响，一般取风力机间距10倍叶轮直径，因此按上述总量的1/10估计，并考虑风力机叶片的实际扫掠面积（对于1 m直径叶轮的面积为$0.5^2 \times \pi = 0.785$m²）；再乘扫掠面积系数0.785，即为实际可开发量。由此，便可得到中国风能实际可开发量为2.53×10^{11}W，即2.53亿千瓦。这个值不包括海面上的风能资源量。同时，仅是10 m高度层上的风能资源量，而非整层大气或整个近地层内的风能量。因此，本估算与阿尔克斯、古斯塔夫逊等人的估算值不属同一概念，不能直接与之比较。我国东海和南海开发利用的风能资源量为7.5亿千瓦。

（二）风能的计算

风能的利用主要就是将它的动能转化为其他形式的能，因此计算风能的大小也就是计算气流所具有的动能。

在单位时间内流过垂直于风速截面积A（m²）的风能，即风功率为

$$\overline{\omega} = (1/2) \rho v^3 A \qquad (5-3)$$

式中：$\overline{\omega}$——风能，W（即kg·m²/s³）。

ρ——空气密度，kg/m³。

v——风速，m/s。

式（5-3）是常用的风功率公式，而在风力工程上，则又习惯称为风能公式。

由式（5-3）可以看出，风能大小与气流通过的面积、空气密度和气流密度的立方成正比。因此，在风能计算中，最重要的因素是风速。风速取值准确与否对风能的估计有决定性作用。如风速大1倍，风能可达8倍。

为了衡量一个地方风能的大小，评价一个地区的风能潜力，风能密度是最方便和有价值的量。风能密度是气流在单位时间内垂直通过单位截面积的风能。

由于风速是一个随机性很大的量，必须通过一定长度的观测来了解它的平均状况，因此在一段时间长度内的平均风能密度可以将式（5-3）对时间积分后平均。

当知道了在T时间长度内风速v的概率分布$P(v)$后，平均风能密度便可计算出来。风速分布$P(v)$在研究了风速的统计特性后，可以用一定的概率分布形式来拟合，这样就大大简化了计算的手续。

由于需要根据一个确定的风速来确定风力机的额定功率，这个风速称为额定风速。在这种风速下，风力机功率达到最大。风力工程中，把风力机开始运行做功时的这个风速称为启动风速或切入风速。达到某一极限风速时，风力机就有被损坏的危险，必须停止运行，这一风速称为停机风速或切出风速。因此，在统计风速资料计算风能潜力时，必须考虑这两种因素。通常将切入风速到切出风速之间的风能称为有效风能。因此还必须引入有效风能密度这一概念，它是有效风能范围内的风能平均密度。

（三）风能资源分布

风能资源潜力的多少，是风能利用的关键。利用上述方法计算出的全国有效风能功率密度和可利用小时数代表了风能资源丰歉的指标值。

1.大气环流对风能分布的影响

东南沿海及东海、南海诸岛，因受台风的影响，最大年平均风速在 5 m/s 以上。大陈岛台山可达 8 m/s 以上，风能也最大。东南海沿岸有效风能密度 ≥ 200 W/m^2，其等值线平行于海岸线，有效风能出现时间百分率可达 80% ~ 90%。风速 ≥ 3 m/s 的风全年出现累积小时数为 7 000 ~ 8 000 h；风速 ≥ 6 m/s 的风有 4 000 h 左右。岛屿上的有效风能密度为 200 ~ 500 W/m^2，风能可以集中利用。福建的台山、东山、平潭、三沙，台湾的澎湖湾，浙江的南麂山、大陈、嵊泗等岛，有效风能密度都在 500 W/m^2 左右，风速 ≥ 3 m/s 的风积累为 800 h，换言之，平均每天可以有 21 h 以上的风速 ≥ 3 m/s。但在一些大岛，如台湾和海南，又具有独特的风能分布特点：台湾风能南北两端大，中间小；海南西部大于东部。

内蒙古和甘肃北部地区，高空终年在西风带的控制下。冬半年地面在内蒙古高原东南缘，冷空气南下，因此总有5～6级以上的风速出现在春夏和夏秋之交。气旋活动频繁，当每一气旋过境时，风速也较大。这一地区年平均风速在4 m/s以上，宝音图可达6 m/s。

有效风能密度为200～300 W/m²，风速≥3 m/s的风全年积累小时数在5 000 h以上，风速≥6 m/s的风在2 000 h以上。其规律从北向南递减。其分布范围较大，从面积来看，是中国风能连成一片的最大地带。

云、贵、川、甘南、陕西、豫西、鄂西和湘西风能较小。这一地区因受西藏高原的影响，冬半年高空在西风带的死水区，冷空气沿东亚大槽南下很少影响这里。下半年海上来的天气系统也很难到这里，所以风速较弱，年平均风速约在2.0 m/s以上，有效风能密度在500 W/m²以下，有效风力出现时间仅20%左右。风速≥3 m/s的风全年出现累积小时数在2 000 h以下，风速≥6 m/s的风在150 h以下。在四川盆地和西双版纳最小，年平均风速小于1 m/s。这里全年静风频率在60%以上，如绵阳为67%，巴中为60%，阿坝为67%，恩施为75%，德格为63%，耿马孟定为72%，景洪为79%，有效风能密度仅为30 W/m²左右。风速≥3 m/s的风全年出现累积小时数仅为3 000 h以上，风速≥6 m/s的风仅20多小时，换句话说，这里平均每18 d以上才有1次10 min的风速≥6 m/s的风。风能是没有利用价值的。

2.海陆和水体对风能分布的影响

中国沿海风能都比内陆大，湖泊都比周围的湖滨大。这是由于气流流经海面或湖面摩擦力较少，风速较大。由沿海向内陆或由湖面向湖滨，动能很快消耗，风速急剧减小。故风速≥3 m/s和风速≥6 m/s的风的全年积累小时的等值线不但不平行于海岸线和湖岸线，而且数值相差很大。福建海滨是中国风能分布丰富地带，而距海50 km处，风能反变为贫乏地带。

山东荣成和文登两地相距不到40 km，而荣成有效风能密度为240 W/m²，文登仅为141 W/m²，相差59%。台风风速随着登陆的距离削减，若台风登陆时在海岸上的地形影响风速，可分山脉、海拔高度和中小地形等几个方面。

3.地形对风能分布的影响

（1）山脉对风能的影响

气流在运行中遇到地形阻碍的影响，不但会改变大形势下的风速，还会改变方向。其变化的特点与地形形状有密切关系。一般范围较大的地形对气流有屏障的作用，使气流出现爬绕运动，所以在天山、祁连山、秦岭、大小兴安岭、阴山、太行山、南岭和武夷山等的风能密度线和可利用小时数曲线大都平行于这些山脉。特别明显的是东南沿海的几条东北—西南走向的山脉，如武夷山、戴云山、鹫峰山、括苍山等。所谓华夏式山脉，山的迎风面风能是丰富的，风能密度为 200 W/m², 风速 ≥ 3 m/s 的风出现的小时数约为 7000 ~ 8000 h。而在山区及其背风面风能密度在 50 W/m² 以下，风速 ≥ 3 m/s 的风出现的小时数约为 1000 ~ 2000 h，风能是不能利用的。四川盆地和塔里木盆地由于天山和秦岭山脉的阻挡为风能不能利用区。雅鲁藏布江河谷，也是由于喜马拉雅山脉和冈底斯山的屏障，风能很小，不值得利用。

（2）海拔高度对风能的影响

由于地面摩擦消耗运动气流的能量，在山地，风速是随着海拔高度增加而增加的。将高山与山麓年平均风速对比，每上升 100 m, 风速约增加 0.11 ~ 0.34 m/s。

事实上，在复杂山地，很难分清地形和海拔高度的影响，两者往往交织在一起，如北京与八达岭风力发电试验站同时观测的平均风速分别为 2.8 m/s 和 5.8 m/s, 相差 3.0 m/s。后者风大，一是由于它位于燕山山脉的一个南北向的低地；二是由于它海拔比北京高 500 多米，是两者同时作用的结果。

青藏高原海拔在 4 000 m 以上，所以这里的风速比周围大，但其有效风能密度却较小，在 150 W/m² 左右。这是由于青藏高原海拔高，但空气密度较小，因此风能较小，如在 4 000 m 的空气密度大致为地面的 67%。也就是说，同样是 8 m/s 的风速，在平地海拔 500 m 以下为 313.6 W/m², 而在 4 000 m 只有 209.9 W/m²。

（3）中小地形的影响

避风地形风速较小，狭窄地形风速增大。明显的狭窄效应地区，如新疆的阿拉山口、达坂城、甘肃的安西、云南的下关等，这些地方风速都明显增大。

即使在平原上的河谷，如松花江、汾河、黄河和长江等河谷，风能也比周围地区大。

海峡也是一种狭窄地形，与盛行风向一致时，风速较大，如台湾海峡中的澎湖列岛，年平均风速为 6.5 m/s, 马祖为 5.9 m/s, 平潭为 8.7 m/s, 南澳为 8 m/s, 又如渤海海峡的长岛，年平均风速为 5.9 m/s 等。

局地风对风能的影响是不可低估的。在一个小山丘前，气流受阻，强迫抬升，所以在山顶流线密集，风速加强。山的背风面，因为流线辐射，风速减小。

有时气流流过一个障碍，如小山包等，其产生的影响在下方5～10 km的范围。有些低层风是由于地面粗糙度的变化形成的。

（四）风能区划

划分风能区划是为了了解各地风能资源的差异，以便合理地开发利用。

1.区划标准

风能分布具有明显的地域性的规律，这种规律反映了大型天气系统的活动和地形作用的综合影响。

第一级区划选用能反映风能资源多寡的指标，即利用年有效风能密度和年风速≥3 m/s风的年积累小时数的多少将中国全国分为4个区，见表5-2。

表5-2 风能区划指标

指标 区别	丰富区	较丰富区	可利用区	贫乏区
年有效风能密度（W/m^2）	≥200	200～150	150～50	≤50
风速≥3 m/s的年小时数（h）	≥5 000	5 000～4 000	4 000～2 000	≤2 000
占全国面积（%）	8	18	50	24

第二级区划指标，选用一年四季中各季风能大小和有效风速出现的小时数。

第三级区划指标，采用风力机安全风速，即抗大风的能力，一般取30年一遇。

根据这三种指标，将全国分为4个大区，30个小区。

一般地，仅粗略地了解风能区划的大的分布趋势，所以按一级指标就能满足。

2.中国风能分区及各区气候特征

按表5-3的指标将全国划分为4个区。

（1）风能丰富区（Ⅰ）

①东南沿海、山东半岛和辽东半岛沿海区（ⅠA）。这一地区由于面临海洋，

风力较大。愈向内陆，风速愈小，风力等值线与海岸线平行。从表5-3中可以看出，除了高山站——长白山、天池、五台山、贺兰山等，全国气象站风速≥7 m/s的地方都集中在东南沿海。平潭年平均风速为8.7 m/s，是全国平地上最大的。该区有效风能密度在200 W/m²以上，海岛上可达300 W/m²以上，其中平潭最大（749.1 W/m²）。风速≥3 m/s的小时数全年有6 000 h以上，风速≥6 m/s的小时数在3 500 h以上，而平潭分别可达7 939 h和6 395 h。也就是说，风速≥3 m/s的风每天平均有21.75 h。这里的风能就潜力是十分可观的，台山、大陈岛、南麂岛、成头山、东山、马祖、马公、东沙、嵊泗等风能也都很大。

表5-3 全国年平均风速≥6 m/s的地点

地区	地点	海拔高度（m）	年平均风速（m/s）	地区	地点	海拔高度（m）	年平均风速（m/s）
吉林	天池	2 670.0	11.7	福建	九仙山	1 650.0	6.9
山西	五台山	2 895.8	9.0	福建	平潭	24.7	6.8
福建	平潭海洋站	36.1	8.7	福建	崇武	21.7	6.8
福建	台山	103.9	8.3	山东	朝连岛	44.5	6.4
浙江	大陈岛	204.9	8.1	山东	青山岛	39.7	6.2
浙江	南麂岛	220.9	7.8	湖南	南岳	1 265.9	6.2
山东	成头山	46.1	7.8	云南	太华山	2 358.3	6.2
宁夏	贺兰山	2 901.0	7.8	江苏	西连岛	26.9	6.1
福建	东山	51.2	7.3	新疆	阿拉山口	282.0	6.1
福建	马祖	91.0	7.3	辽宁	海洋岛	66.1	6.1
台湾	马公	22.0	7.3	山东	泰山	1 533.7	6.1
浙江	嵊泗	79.6	7.2	浙江	括苍山	1 373.9	6.0
广东	东沙岛	6.0	7.1	内蒙古	宝音图	1 509.4	6.0
浙江	岱山岛	66.8	7.0	内蒙古	前达门	1 510.9	6.0
山东	砣矶岛	66.4	6.9	辽宁	长海	17.6	6.0

这一区风能大的原因主要是由于海面比起伏不平的陆地表面摩擦阻力小。在气压梯度相同的条件下，海面上风速比陆地上的要大。对于风能的季节分配，

山东、辽东半岛春季最大,冬季次之,这里30年一遇10 min平均最大风速为35～40 m/s,瞬间风速可达50～60 m/s,为全国最大风速的最大区域。而东南沿海、台湾及南海诸岛都是秋季风能最大,冬季次之,这与秋季台风活动频率有关。

②三北部区(ⅠB)。本区是内陆风能资源最好的区域,年平均风能密度在200 W/m²以上,个别地区可达300 W/m²。风速≥3 m/s的时间1年有5 000～6 000 h,虎勒盖尔可达7 659 h;风速≥6 m/s的时间1年在3000 h以上,个别地点在4 000 h以上(如朱日和为418 h)。本区地面受内蒙古高压控制,每次冷空气南下都可造成较强风力,而且地面平坦,风速梯度较小,春季风能最大,冬季次之。30年一遇10 min平均最大风速可达30～35 m/s,瞬时风速为45～50 m/s,本区地域远较沿海为广。

③松花江下游区(ⅠC)。本区风能密度在200 W/m²以上,风速≥3 m/s的时间有5 000 h,每年风速≥6～20 m/s的时间在3 000 h以上。本区的大风多数是由东北低压造成的。东北低压春季最易发展,秋季次之,所以春季风力最大,秋季次之。同时,这一区又处于峡谷中,北为小兴安岭,南有长白山,这一区恰好在喇叭口处,风速加大。30年一遇10 min平均最大风速为25～30 m/s,瞬时风速为40～50 m/s。

(2)风能较丰富区(Ⅱ)

①东南沿海内陆和渤海沿海区(ⅡD)。从汕头沿海岸向北,沿东南沿海经江苏、山东、辽宁沿海到东北丹东。实际上是丰富区向内陆的扩展。这一区的风能密度为150～200 W/m²,风速≥3 m/s的时间有4 000～5 000 h,风速≥6 m/s的有2 000～3 500 h。长江口以南,大致秋季风能大,冬季次之;长江口以北,大致春季风能大,冬季次之。30年一遇10 min平均最大风速为30 m/s,瞬时风速为50 m/s。

②三北的南部区(ⅡE)。从东北图们江口区向西,沿燕山北麓经河西走廊,过天山到新疆阿拉山口南,横穿三北中北部。这一区的风能密度为150～200 W/m²,风速≥3 m/s的时间有4 000～4 500 h。这一区的东部也是丰富区向南、向东扩展的地区。在西部北疆是冷空气的通道,风速较大也形成了风能较丰富区。30年一遇10 min平均最大风速为30～32 m/s,最大瞬时风速为45～50 m/s。

③青藏高原区(ⅡF)。本区的风能密度在150 W/m²以上,个别地区(如五道梁)可达180 W/m²,而3～20 m/s的风速出现的时间却比较多,一般在5 000 h

以上（如茫崖为6 500 h）。所以，若不考虑风能密度，仅以风速≥3 m/s出现时间来进行区划，那么该地区应为风能丰富区。但是，由于这里海拔在3 000～5 000 m以上，空气密度较小。在风速相同的情况下，这里风能较海拔低的地区为小，若风速同样是8 m/s，上海的风能密度为313.3 W/m²，而呼和浩特为286.0 W/m²，两地海拔相差1 000 m，风能密度则相差10%。

林芝与上海海拔相差约3 000 m，风能密度相差30%；那曲与上海海拔相差4 500 m，风能密度则相差40%，见表5-4。由此可见，计算青藏高原（包括内陆的高山）的风能时，必须考虑空气密度的影响，否则计算值将会大大地偏高。青藏高原海拔较高，离高空西风带较近，春季随着地面增热，对流加强，上下冷热空气交换，使西风急流动量下传，风力较大，故这一区的春季风能最大，夏季次之。这是由于此区里夏季转为东风急流控制，西南季风爆发，雨季来临，但由于热力作用强大，对流活动频繁且旺盛，所以风力也较大。30年一遇10 min平均最大风速为30 m/s，虽然这里极端风速可达11～12级，但由于空气密度小，风压却只能相当于平原的10级。

表5-4 不同海拔高度风能的差异

风能密度　海拔高度（m） 风速（m/s）	4.5（上海）	1 063.0（呼和浩特）	11 984.9（阿合奇）	3 000（林芝）	4 507.0（那曲）
3	16.5	15.1	13.5	11.8	11.0
5	76.5	69.8	62.4	54.4	46.4
8	313.3	286.0	255.5	223.0	190.0
10	612.0	558.6	499.1	435.5	371.1

（3）风能可利用区（Ⅲ）

①两广沿海区（ⅢG）。这一区在南岭以南，包括福建海岸向内陆50～100 km的地带。风能密度为50～100 W/m²，每年风速≥3 m/s的时间为2 000～4 000 h，基本上从东向西逐渐减小。本区位于大陆的南端，但冬季仍有强大冷空气南下，其冷锋可越过本区到达南海，使本区风力增大，所以本区的冬季风最大；秋季受台风的影响，风力次之。由广东沿海的阳江以西沿海，包括雷州半岛，春季风能最大。这是由于冷空气在春季被南岭山地阻挡，一股股冷空气沿漓江河谷南下，

使这一地区的春季风力变大。秋季，台风对这里虽有影响，但台风西行路径仅占所有台风的19%，台风影响不如冬季冷空气影响的次数多，故本区的冬季风能较秋季为大。30年一遇10 min平均最大风速可达37 m/s，瞬时风速可达58 m/s。

②大小兴安岭山地区（ⅢH）。大小兴安岭山地的风能密度在100 W/m^{2}左右，每年风速≥3 m/s的时间为3 000~4 000 h。冷空气只有偏北时才能影响到这里，本区的风力主要受东北低压影响较大，故春、秋季风能大。30年一遇最大10 min平均风速可达37 m/s，瞬时风速可达45~50 m/s。

③中部地区（ⅢI）。东北长白山开始向西过华北平原，经西北到中国最西端，贯穿中国东西的广大地区。由于本区有风能欠缺区（即以四川为中心）在中间隔开，这一区的形状与希腊字母"π"很相像，它约占全国面积的50%。在"π"字形的前一半，包括西北各省的一部分、川西和青藏高原的东部与南部。风能密度为100~150 W/m^2，一年风速≥3 m/s的时间有4 000 h左右。这一区春季风能最大，夏季次之。但雅鲁藏布江两侧（包括横断山脉河谷）的风能春季最大，冬季次之。"π"字形的后一半分布在黄河和长江中下游。这一地区风力主要是冷空气南下造成的，每当冷空气过境，风速明显加大，所以这一地区的春、冬季节风能大。由于冷空气南移的过程中地面气温较高，冷空气很快变性分裂，很少有明显的冷空气到达长江以南。但这时台风活跃，所以这里秋季风能相对较大，春季次之。30年一遇最大10 min平均风速为25 m/s左右，瞬时风速可达40 m/s。

（4）风能欠缺区（Ⅳ）。

①川云贵和南岭山地区（ⅣJ）。本区以四川为中心，西为青藏高原，北为秦岭，南为大娄山，东面为巫山和武陵山等。这一地区冬半年处于高空西风带"死水区"内，四周的高山使冷空气很难入侵。夏半年台风也很难影响到这里，所以这一地区为全国最小风能区，风能密度在500 W/m^{2}以下，成都仅为35 W/m^{2}左右。风速≥3 m/s的时间在2 000 h以上，成都仅有400 h，恩施、景洪二地更小。南岭山地风能欠缺，由于春、秋季冷空气南下，受到南岭阻挡，往往停留在这里，冬季弱空气到此地也形成南岭准静止锋，故风力较小。南岭北侧受冷空气影响相对比较明显，所以冬、春季风力最大。南岭南侧多为台风影响，故风力最大的在冬、秋两季。30年一遇10 min平均最大风速为20~25 m/s，瞬时风速可达30~38 m/s。

②雅鲁藏布江和昌都区（ⅣK）。雅鲁藏布江河谷两侧为高山。昌都市也在

横断山脉河谷中。这两个地区由于山脉屏障,冷、暖空气都很难侵入,所以风力很小。有效风能密度在50 W/m²以下,风速≥3 m/s的时间在2 000 h以下。雅鲁藏布江风能是春季最大,冬季次之,而昌都是春季最大,夏季次之。30年一遇10 min平均最大风速为25 m/s,最大瞬时风速为38 m/s。

③塔里木盆地西部区(ⅣL)。本区四面亦为高山环抱,冷空气偶尔越过天山,但为数不多,所以风力较小。塔里木盆地东部由于是一马蹄形"C"的开口,冷空气可以从东灌入,风力较大,所以盆地东部属可利用区。30年一遇10 min平均最大风速为25~28 m/s,最大瞬时风速为40 m/s左右。

3. 各风能区中,不同下垫面风速的变化

上面已谈到,4个风能区是粗略地区分。往往在一些情况下,丰富区中可能包括较丰富的地区,较丰富区又包括丰富的地区。这种差异一般是由于下垫面造成的,特别是山脊、山顶和海岸带地区。

根据大量实测资料对比分析,参照国外的资料给出表5-5。

表5-5 10 m高4类不同地形条件下风能功率密度和年平均风速对比

风能区	城郊气象站(遮蔽)		开阔平原		海岸带		山脊和山顶	
风速风能	风速(m/s)	风能(W/m²)	风速(m/s)	风能(W/m²)	风速(m/s)	风能(W/m²)	风速(m/s)	风能(W/m²)
丰富区	>4.5	>225	>6.0	>330	>6.5	>372	>7.0	>425
较丰富区	3.0~4.5	155~255	4.5~6.0	225~330	5.0~6.5	262~372	55~7.0	296~425
可利用区	2.0~3.0	95~115	3.0~4.5	123~225	3.5~5.0	155~262	4.0~5.5	193~296
贫乏区	<2.0	<95	<3.0	<123	<3.5	<155	<4.0	<193

由表5-5可知,气象站观测的风速较小,这主要是由于气象站一般位置在城

市附近，受城市建筑等的影响使风速偏小。如在丰富区，气象站年平均风速为4.5 m/s，开阔的平原为6 m/s，海岸带为6.5 m/s，到山顶可达7.0 m/s。这就说明地形对风速的影响是很大的。若以风能而论，大得更为明显，同是丰富区，气象站风能功率密度为225 W/m²，而山顶可达425 W/m²，几乎增加1倍。

第二节 风力发电机、蓄能装置

一、独立运行风力发电系统中的发电机

（一）直流发电机

1.基本结构及原理

较早时期的小容量风力发电装置一般采用小型直流发电机，在结构上有永磁式及电励磁式两种类型。永磁式直流发电机利用永久磁铁来提供发电机所需的励磁磁通，电励磁式直流发电机则是借助励磁线圈。由于励磁绕组与电枢绕组连接方式的不同，分为他励与并励（自励）两种类型。

在风力发电装置中，直流发电机由风力机拖动旋转时，根据法拉第电磁感应定律，在直流发电机的电枢绕组中产生感应电势，在电枢的出线端（ab两端）若接上负载，就会有电流流向负载，即在a、b端有电能输出，风能也就转换成了电能。

直流发电机电枢回路中各电磁物理量的关系为

$$E_a = C_e \varphi n \tag{5-4}$$

$$U = E_a - I_a R_a \tag{5-5}$$

励磁回路中各电磁物理量的关系如下：

他励发电机

$$I_f = U_f / (R_f + r_f) \tag{5-6}$$

并励发电机

$$I_f=U/(R_f+r_f) \quad (5-7)$$

$$\varphi=f(I_f) \quad (5-8)$$

式中：C_e——电机的电势系数。

φ——电机每极下的磁通量。

R_a——电枢绕组电阻。

R_f——励磁绕组的外接电阻。

E_a——绕组感应电势。

U——电枢端电压。

n——发电机转速。

I_f——励磁电流。

2.发电机的电磁转矩与风力机的驱动转矩之间的关系

根据比奥-沙瓦定律，直流发电机的电枢电流与电机的磁通作用会产生电磁力，并由此而产生电磁转矩。电磁转矩可表示为

$$M=C_M\varphi I_a \quad (5-9)$$

式中：C_M——电机的转矩系数。

M——电磁转矩。

I_a——电枢电流。

电磁转矩对风力机的拖动转矩为制动性质的，在转速恒定时，风力机的拖动转矩与发电机的电磁转矩平衡，即

$$M_1=M+M_0 \quad (5-10)$$

式中：M_1——风力机的拖动转矩。

M_0——机械摩擦阻转矩。

当风速变化时，风力机的驱动转矩变化或者发电机的负载变化时，则转矩的平衡关系为

$$M_1=M+M_0+J(\mathrm{d}\Omega)/(\mathrm{d}t) \quad (5-11)$$

式中：J——风力机、发电机及传动系统的总转动惯量。

Ω——发电机转轴的旋转角速率。

$J(\mathrm{d}\Omega)/(\mathrm{d}t)$——动态转矩。

由式（5-11）可见，当负载不变时，即M为常数时，若风速增大，发电机转速将加快；反之，转速将下降。由式（5-5）知，转速的变化将导致感应电势及电枢端电压变化，为此风力机的调速装置应动作，以调整转速。

3.发电机与变化的负载连接时，电磁转矩与转速的关系

根据式（5-5）、式（5-6）及$U=I_aR$，可知

$$M = C_M\varphi\frac{E_a}{R_a+R} = C_{M\varphi}\frac{C_e\varphi n}{R_a+R} = \frac{C_eC_M\varphi^2 n}{R_a+R} = K_n \quad (5-12)$$

$$K = \frac{C_eC_M\varphi^2}{R_a+R}$$

当励磁磁通φ及负载电阻R不变化时，K为一常数。

故M与n的关系为直线关系，对应于不同的负载电阻，M与n有不同的线性关系。并励直流发电机的$M-n$特性与他励的相似，只是在并励时励磁磁通将随电枢端电压的变化而改变，因此$M-n$的关系不再是直流关系，其$M-n$特性为曲线形状。

4.并励直流发电机的自励

在采用并励发电机时，为了建立电压，在发电机具有剩磁的情况下，必须使励磁绕组并联到电枢两端的极性正确，同时励磁回路的总电阻R_f+r_f必须小于某一定转速下的临界值，如果并联到电枢两端的极性不正确（即励磁绕组接反了），则励磁回路中的电流所产生的磁势将削减发电机中的剩余磁通，发电机的端电压就不能建立，即电机不能自励。

当励磁绕组解法正确，励磁回路中的电阻为(R_f+r_f)时，

$$\tan\alpha = \frac{U_o}{I_{f_o}} = \frac{I_{f_o}(r_f+R_f)}{I_{f_o}} = R_f+r_f$$

励磁回路电阻线与无载特性曲线的交点即为发电机自励后建立起来的电枢端电压U_o。若励磁回路中串入的电阻值R_f增大，则励磁回路的电阻与无载特性曲线相切，无稳定交点，则不能建立稳定的电压。

当$\alpha_{cr}>\alpha$时，对应于此α_{cr}的电阻值$R_{cr}=\tan\alpha_{cr}$，此R_{cr}即为临界电阻值，所以为

了建立电压,励磁回路的总电阻R_f必须小于临界电阻值。

必须注意,若发电机励磁回路的总电阻在某一转速下能够自励,当转速降低到某一转速数值时,可能不能自励,这是因为无载特性曲线与发电机的转速成正比。转速降低时,无载特性曲线也改变了形状,因此对于某一励磁回路的电阻值,就对应地有一个最小的临界转速值n_{cr},若发电机转速小于n_{cr},就不能自励。在小型风力发电装置中,为了使发电机建立稳定的电压,在设计风电装置时,应考虑使风力机调速机构确定的转速值大于发电机最小的临界转速值。

(二)交流发电机

1. 永磁式发电机

(1) 永磁发电机的特点

永磁发电机转子上无励磁绕组,因此不存在励磁绕组铜损耗,比同容量的电励磁式发电机效率高;转子上没有滑环,运转时更安全可靠;电机的重量轻,体积小,制造工艺简便,因此在小型及微型发电机中被广泛采用。永磁发电机的缺点是电压调节性能差。

(2) 永磁材料

永磁发电机的关键是永磁材料,表征永磁材料的性能的主要技术参数为B_r(剩余磁密)、H_c(矫顽力)、$(BH)_{max}$(最大磁能积)等。在小型及微型风力发电机中,常用的永磁材料有铁氧体及钕铁硼两种;由于铝镍钴、钐钴两种材料价格高且最高磁能积不够高,故经济性差,用得不多。铁氧体材料价格较低,H_c较高,能稳定运行,永磁铁的利用率较高;但氧化铁的$(BH)_{max}$约为3.5×10^6GOe(高奥),B_r在4000Gs(高斯)以下,而钕铁硼的$(BH)_{max}$为$(25 \sim 40) \times 10^6$OeGs,电机的总效率可更高,因此在相同的输入机械功率下,输出的电功率可以提高,故而在微型及小型风力发电机中采用此种材料的更多,但与铁氧体比较,价格要贵些。无论是哪种永磁材料,都要先在永磁机中充磁才能获得磁性。

(3) 永磁发电机的结构

永磁发电机定子与普通交流电机相同,包括定子铁芯及定子绕组;定子铁芯槽内安放定子三相绕组或单相绕组。永磁发电机的转子按照永磁体的布置及形状,有凸极式和爪极式两类。

凸极式永磁电机磁通走向为N极—气隙—定子齿槽—气隙—S极，形成闭合磁通回路。

爪极式永磁电机磁通走向为N极—左端爪极—气隙—定子—右端爪极—S极。

所有左端爪极皆为N极，所有右端爪极皆为S极，爪极与定子铁芯间的气隙距离远小于左右两端爪极之间的间隙，因此磁通不会直接由N极爪进入S极爪而形成短路，左端爪极与右端爪极皆做成相同的形状。

为了使永磁电机的设计能达到获得高效率及节约永磁材料的效果，应使永磁电机在运行时永磁材料的工作点接近最大磁能积处，此时永磁材料最节省。

2.硅整流自励交流发电机

（1）结构、工作原理及电路图

硅整流自励交流发电机中发电机的定子由定子铁芯和定子绕组组成。定子绕组为三相，Y形连接，放在定子铁芯内圆槽内，转子由转子铁芯、转子绕组（即励磁绕组）、滑环和转子轴组成，转子铁芯可做成凸极式或爪形，一般多用爪形磁极，转子励磁绕组的两端接到滑环上，通过与滑环接触的电刷与硅整流器的直流输出端相连，从而获得直流励磁电流。

独立运行的小型风力发电机组的风力机叶片多数是固定桨距的，当风力变化时，风力机转速随之发生变化，与风力机相连接的发电机的转速也将发生变化，因而发电机的出口电压会发生波动，这将导致硅整流器输出的直流电压及发电机励磁电流的变化，并造成励磁磁场的变化，这样又会造成发电机出口电压的波动。这种连锁反应使得发电机出口电压的波动范围不断增加，显而易见，如果电压的波动得不到控制，在向负载独立供电的情况下，将会影响供电的质量，甚至会造成用电设备损坏。此外，独立运行的风力发电机都带有蓄电池组，电压的波动会导致蓄电池组过充电，从而降低了蓄电池组的使用寿命。

为了消除发电机输出端电压的波动，硅整流交流发电机配有励磁调节器，励磁调节器由电压继电器、电流继电器、逆流继电器及其所控制的动断触点J_1、J_2和动合触点J_3及电阻R_1、R_2等组成。

（2）励磁调节器的工作原理

励磁调节器的作用是使发电机能自动调节其励磁电流（即励磁磁通）的大小，来抵消因风速变化而导致的发电机转速变化对发电机端电压的影响。

当发电机转速较低、发电机端电压低于额定值时,电压继电器V不动作,其动断触点J_1闭合,硅整流器输出端电压直接施加在励磁绕组上,发电机属于正常励磁状况;当风速加大,发电机转速增高,发电机端电压高于额定值,动断触点J_1断开,励磁回路中被串入了电阻R_1,励磁电流及磁通随之减小,发电机输出端电压也随之下降;当发电机电压降至额定值时,触点J_1重新闭合,发电机恢复到正常励磁状况。电压继电器工作时,发电机端电压与发电机转速有一定的关系。

风力发电机组运行时,当用户投入的负载过多,可能出现负载电流过大,超过额定值的状况,如不加以控制,使发电机过负荷运行,会对发电机的使用寿命有较大影响,甚至会损坏发电机的定子绕组。电流继电器的作用就是为了抑制发电机过负荷运行。电流继电器I的动断触点J_2串接在发电机的励磁回路中,发电机输出的负荷电流则通过电流继电器的绕组;当发电机的输出电流高于额定值时,继电器不工作,动断触点闭合,发电机属于正常励磁状况;当发电机输出电流高于额定值时,动断触点J_2断开,电阻R_1被串入励磁回路,励磁电流减小,从而降低了发电机输出端电压并减小了负载电流。电流继电器工作时,发电机负载电流与电机转速有一定的关系。

为了防止无风或风速太低时蓄电池组向发电机励磁绕组送电,即蓄电池组由充电运行变为反方向放电状况,这不仅会消耗蓄电池所储电能,还可能烧毁励磁绕组,因此在励磁调节器装置中,还装有逆电流继电器。逆电流继电器由电压线圈v'、电流线圈I'、动合触点J_3及电阻R_2组成。发电机正常工作时,逆电流继电器的电压线圈及电流线圈内流过的电流产生的吸力使动合触点J_3闭合;当风力太低、发电机端电压低于蓄电池组电压时,继电器电流线圈瞬间流过反向电流,此电流产生的磁场与电压线圈内流过的电流产生的磁场作用相反,而电压线圈内流过的电流由于发电机电压下降也减小了,由其产生的磁场也减弱了,故由电压线圈及电流线圈内电流产生的总磁场的吸力减弱,使得动合触点J_3断开,从而断开了蓄电池向发电机励磁绕组送电的回路。

采用励磁调节器的硅整流交流发电机与永磁发电机比较,其特点是能随风速变化自动调节发电机的输出端电压,防止产生对蓄电池过充电,延长蓄电池的使用寿命,同时还实现了对发电机的过负荷保护。但由于励磁调节器的动断触点断开和闭合的动作较频繁,需对触点材质及断弧性能做适当的处理。

用交流发电机进行风力发电时,发电机的转速要达到在该转速下的电压才能够对蓄电池充电。

3.电容自励异步电机

从异步发电机的理论知道,异步发电机在并网运行时,其励磁电流是由电网供给的。此励磁电流对异步发电机的感应电势而言是电容性电流,在风力驱动的异步发电机独立运行时,为得到此电容性电流,必须在发电机输出端接上电容,从而产生磁场并建立电压。

自励异步电机建立电压的条件是:①发电机必须有剩磁,一般情况下,发电机都会有剩磁存在,万一失磁,可用蓄电池充磁的方法重新获得剩磁;②在异步发电机的输出端并上足够数量的电容。

在异步发电机输出端所并的电容的容抗$X_c=1/(\omega C)$,只有电容C增大,使X_c减小,励磁电流I_o才能增大;而只有I_o增大到足够大时,才能建立稳定的电压,由发电机的无载特性曲线与电容C所确定的电容线交点来决定的。对于建立了稳定电压的点应有如下的关系:

$$U_1/I_o = X_c = 1/(\omega C) = \tan^{-1}\alpha \qquad (5\text{–}13)$$

故X_c的大小,也即电容C的大小决定了电容线的斜率。若电容C减小,则容抗X_c增大,励磁电流I_o减小,电容线将变陡,即角度α增大。当电容线与无载特性不相交时,就不能建立稳定电压。

对应于最小的电容值为临界电容值C_{cr},此时的电容线称为临界电容线,而临界电容线与横坐标轴之间的夹角为临界角度α_{cr},由此可知,在独立运行的自励异步发电机中,发电机输出端并联的电容值应大于临界电容值C_{cr},即α角度小于临界角度α_{cr}。

值得注意的是,发电机的无载特性曲线与发电机的转速有关。若发电机的转速降低,无载特性曲线也随之下降,可能导致自励失败而不能建立电压。独立运行的异步发电机在带负载运行时,发电机的电压及频率都将随负载的变化及负载的性质有较大额变化。要想维持异步电机的电压及频率不变,应采取调节措施。

为了维持发电机的频率不变,当发电机负载增加时,必须相应地提高发电机转子的转速。因为当负载增加时,异步发电机的滑差绝对值|S|增大[异步电机的滑差$S=(n_s-n)/n_s$,在异步电机作为发电机运行时,发电机的转速n大于电机旋转磁场的转速n_s,故滑差S为负值],而发电机的频率$f_1=pn_s/60$(p为发电机的极对

数），故欲维持频率f_1不变，则n_s应维持不变，因此当发电机负载增加时，必须增大发电机转子的转速。

为了维持发电机的电压不变，当发电机负载增加时，必须相应地增加发电机端并接电容的数值。因为对数情况下，负载为电感性的，感性电流将抵消一部分容性电流，这样将导致励磁电流减小，相当于增加了电容线的夹角α，使发电机的端电压下降（严重时可以使端电压消失），所以必须增加并接电容的数值，以补偿负载增加时感性电流增加而导致的容性励磁电流的减少。

二、并网运行风力发电系统中的发电机

（一）同步发电机

1.同步发电机并网方法

（1）自动准同步并网

在常规并网发电系统中，利用三相绕组的同步发电机是最普遍的。同步发电机在运行时既能输出有功功率，又能提供无功功率，且频率稳定，电能质量高，因此被电力系统广泛接受。在同步发电机中，发电机的极对数、转速及频率之间有着严格不变的固定关系，即

$$f_s = pn_s/60 \tag{5-14}$$

式中：p——电机的极对数。

n_s——发电机转速，r/min。

f_s——发电机产生的交流点频率，Hz。

要把同步发电机通过标准同步并网方法连接到电网上必须满足以下四个条件：

①发电机的电压等于电网的电压，并且电压波形相同。

②发电机的电压相序与电网的电压相序相同。

③发电机频率f_s与电网的频率f_1相同。

④并联合闸瞬间，发电机的电压相角与电网并联的相角一致。

满足上述理想并网条件的并网方式即为准同步并网方式，在这种并网条件下，并网瞬间不会产生冲击电流，不会引起电网电压的下降，也不会对发电机定子绕组及其他机械部件造成损坏。这是这种并网方式的最大优点，但对风力驱动

的同步发电机而言，要准确达到这种理想并网条件实际上是不容易的。在实际并网操作时，电压、频率及相位都往往会有一些偏差，因此并网时仍会产生一些冲击电流。一般规定发电机与电网系统的电压差不超过5%～10%，频率差不超过0.1%～0.5%，使冲击电流不超出其允许范围。但如果电网本身的电压及频率也经常存在较大的波动，则这种通过同步发电机整步实现准同步并网就更加困难。

（2）自同步并网

自同步并网就是同步发电机在转子未加励磁，励磁绕组经限流电阻短路的情况下，由原动机拖动，待同步发电机转子转速升高到接近同步转速（约为80%～90%同步转速）时，将发电机投入电网，再立即投入励磁，靠定子与转子之间电磁力的作用，发电机自动牵入同步运行。由于同步发电机在投入电网时未加励磁，因此不存在准同步并网时对发电机电压和相角进行调节和校准的整步过程，并且从根本上排除了发生异步合闸的可能性。当电网出现故障并恢复正常后，需要把发电机迅速投入并联运行时，经常采用这种并网方法。这种并网方法的优点是不需要复杂的并网装置，并网操作简单，并网过程迅速；这种并网方法的缺点是合闸后有电流冲击（一般情况下，冲击电流不会超过同步发电机输出端三相突然短路时的电流），电网电压会出现短时间的下降，电网电压降低的程度和电压恢复时间的长短同并入的发电机容量与电网容量的比例有关，在风力发电情况下还与风电场的风资源特性有关。

必须指出，发电机自同步过程与投入励磁的时间及投入励磁后励磁增长的速率密切相关。如果发电机是在非常接近同步转速时投入电网，则应迅速加上励磁，以保证发电机能迅速被拉入同步，而且励磁增长的速率愈大，自同步过程也就结束得愈快；但是在同步发电机转速距同步速较大的情况下应避免立即迅速投入励磁，否则会产生较大的同步力矩，并导致自同步过程中出现较大的振荡电流及力矩。

2.同步发电机的转矩转速特性

当同步发电机并网后正常运行时，其转矩-转速有一定的特性。发电机的电磁转矩对风力机来讲是制动转矩性质，因此不论电磁转矩如何变化，发电机的转速应维持不变（即维持为同步转速n_S），以便维持发电机的频率与电网的频率相同，否则发电机将与电网解裂。这就要求风力机有精确的调速机构。当风速变化时，能维持发电机的转速不变，等于同步转速，这种风力发电系统的运行方式称为恒速恒频方式。与此相对应，在变速恒率系统运行方式下（即风力机及发电机的转速随风速变化做变速运行，而在发电机输出端则仍能得到等于电网频率的电能输出），风力机不需要调速机构。

调速系统是用来控制风力机转速（即同步发电机转速）及有功功率的，励磁系统是调控同步发电机的电压及无功功率的，一般使用 n、U、P 分别代表风力机的转速、发电机的电压、输出功率。总之，同步发电机并网后，对发电机的电压、频率及输出功率必须进行有效的控制，否则会发生失步现象。

（二）异步发电机

1. 异步发电机的基本原理及其转矩-转速特性

对于风力发电系统中并网运行的异步电机，其定子与同步电机的定子基本相同，定子绕组为三相的，可按成三角形或星形接法；转子则有鼠笼型和绕线型两种。根据异步电机理论，异步电机并网时由定子三相绕组电流产生的旋转磁场的同步转速决定于电网的频率及电机绕组的极对数，即

$$n_s = 60f/p \tag{5-15}$$

式中：n_s——同步转速。

f——电网频率。

p——绕组极对数。

按照异步电机理论又知，当异步电机连接到频率恒定的电网上时，异步电机可以有不同的运行状态：当异步电机的转速小于异步电机的同步转速时（即 $n < n_s$），异步电机以电动机的方式运行，处于电动运行状态，此时异步电机自电网吸取电能，而由其转轴输出机械功率；而当异步电机由原动机驱动，其转速超过同步转速时（即 $n > n_s$），则异步电机将处于发电运行状态，此时异步电机吸收由原动力供给的机械而向电网输出电能。异步电机的不同运行状态可用异步电机的滑差率 S 来区别表示。异步电机的滑差率定义为

$$S = (n_s - n)/n_s \times 100\% \tag{5-16}$$

由式（5-16）可知，当异步电机与电网并联后作为发电机运行时，滑差率 S 为负值。

由异步电机的理论知，异步电机的电磁转矩 M 与滑差率 S 有一定的的关系。

根据式（5-16）所表明的 S 与 n 的关系，异步电机的 $M-S$ 特性也即异步电机的 $M-n$ 特性。

改变异步电机转子绕组回路内电阻的大小可以改变异步电机的转矩-转速特性曲线，能够绘制转子绕组电阻较大的转矩-转矩特性曲线。

在由风力机驱动异步发电机与电网并联运行的风力发电系统中，滑差率 S 的绝对值取为 2%～5%；$|S|$ 取值越大，则系统平衡阵风扰动的能力越好，一般与电网并联运行的容量较大的异步风力发电机其转速的运行范围在 n_s～$1.05n_s$。

2.异步发电机的并网方法

由风力机驱动异步发电机与电网并联运行的原理，因为风力机为低速运转的动力机械，在风力机与异步发电机转子之间经增速齿轮传动来提高转速以达到适合异步发电机运转的转速，一般与电网并联运行的异步发电机多选 4 极或 6 极电机，因此异步电机转速必须超过 1 500 r/min 或 1 000 r/min，才能运行在发电状态，向电网送电。电机极对数的选择与增速齿轮箱关系密切，若电机的极对数选小，则增速齿轮传动的速比增大，齿轮箱加大，但电机的尺寸则小些；反之，若电机的极对数选大些，则传动速比减小，齿轮箱相对小些，但电机的尺寸则大些。

根据电机理论，异步发电机并入电网运行时，是靠滑差率来调整负荷的，其输出的功率与转速近乎呈线性关系，因此对机组的调速要求不像同步发电机那么严格精确，不需要同步设备和整步操作，只要转速接近同步转速时就可并网。国内及国外与电网并联运行的风力发电机组中多采用异步发电机，但异步发电机在并网瞬间会出现较大的冲击电流（约为异步发电机额定电流的 4～7 倍），并使电网电压瞬时下降。

随着风力发电机组单机容量的不断增大，这种冲击电流对发电机自身部件的安全及对电网的影响也愈加严重。过大的冲击电流有可能使发电机与电网连接与电网连接的主回路中的自动开关断开；而电网电压的较大幅度下降则可能会使低压保护动作，从而导致异步发电机根本不能并网。当前在风力发电系统中采用的异步发电机并网方法有以下几种。

（1）直接并网

这种并网方法要求在并网时发电机的相序与电网的相序相同，当风力驱动的异步发电机转速接近同步转速时即可自动并入电网；自动并网的信号由测速装置给出，而后通过自动空气开关合闸完成并网过程，这种并网方式比同步发电机的准同步并网简单。但如上所述，直接并网时会出现较大的冲击电流及电网的下降，因此这种并网方法只适用于异步电动机容量在百千瓦以下，而电网容量较大的情况下，这种并网方法不能采用。中国最早引进的55kW风力发电机组及自行研制的50kW风力发电机组都是采用这种方法并网的。

（2）降压并网

这种并网方法是在异步电机与电网之间串接电阻、电抗器或者接入自耦变压器，以达到降低并网合闸瞬间冲击电流幅值及电网电压下降的幅度。因为电阻、电抗器等元件要消耗功率，在发电机并入电网以后，进入稳定运行状态时，必须将其迅速切除，这种并网方法适用于百千瓦以上、容量较大的机组，但这种并网方法的经济性较差，中国引进的200kW异步风力发电机组就是采用这种并网方式。并网时，发电机每相绕组与电网之间皆串接有大功率电阻。

（3）通过晶闸管软并网

这种并网方法是在异步发电机定子与电网之间通过每相串入一只双向晶闸管连接起来。三相均有晶闸管控制。双向晶闸管的两端与并网自动开关的动合触头并联。接入双向晶闸管的目的是将发电机并网瞬间的冲击电流控制在允许的限度内。其并网过程如下：当风力发电机组接收到由控制系统内微处理机发出的启动命令后，先检查发电机的相序与电网的相序是否一致，若相序正确，则发出松闸命令，风力发电机组开始启动。当发电机转速接近同步转速时（约为99%~100%同保护转速），双向晶闸管的控制角同时由180°~0°逐渐同步打开；与此同时，双向晶闸管的导通角则同时由0~180°逐渐增大，此时并网自动开关未动作，动合触头为闭合，异步发电机即通过晶闸管平稳地并入电网；随着发电机转速继续升高，电机的滑差率渐趋于零，当滑差率为零时，并网自动开关动作，动合触头闭合，双向晶闸管被短接，异步发电机的输出电流将不再经双向晶闸管，而是通过已闭合的自动开关触头流入电网。在发电机并网后，应立即在发电机端并入补偿电容，将发电机的功率因数（$\cos\phi$）提高到0.95以上。

这种软并网方法的特点是通过控制晶闸管的导通角，将发电机并网瞬间的冲击电流值限制在规定的范围内（一般为1.5倍额定电流以下），从而得到一个平滑的并网暂态过程。

软并网线路中，在双向晶闸管两端并接有旁路并网自动开关，并在零转差率时实现自动切换,在并网暂态过程完毕后,即将双向晶闸管短接。与此种软并网连接方式相对应的另一种软并网方式是在异步电动机与电网之间通过双向晶闸管直接连接,在晶闸管两端没有并接的旁路并网自动开关,双向晶闸管既在并网过程中起到控制冲击电流的作用,同时又作为无触头自动开关,在并网后继续存在于主回路中。这种软并网连接方式可以省去一个并网自动开关,因而控制回路较为简单些,并且避免了有触头自动开关触头粘着、弹跳及磨损等现象。可以保证较高的开关频率,这是其优点。但这种连接方式需选用电流允许值大的高反压双向晶闸管,这是因为在这种连接方式下,双向晶闸管中通过的电流需满足通过异步电机的额定电流值,而具有旁路并网自动开关的软并网连接方式中的高反压双向晶闸管只要能通过较发电机空载电流略高的电流就可以满足要求,这是这种连接方式的不利之处。这种软并网连接方式的并网过程与上述具有并网自动开关的软并网连接方式的并网过程相同。在双向晶闸管开始导通阶段,异步电机作为电动机运行,但随着异步电机转速的升高,滑差率渐渐接近于零。当滑差率为零时,双向晶闸管已全部导通,并网过程也就结束。

晶闸管软并网技术虽然是目前一种先进的并网方法,但它也对晶闸管器件及与之相关的晶闸管触发器提出了严格的要求,即晶闸管器件的特性要一致、稳定以及触发电路可靠。只有发电机主回路中的每相的双向晶闸管特性一致,控制极触发电压、触发电流一致,全开通后压降相同,才能保证可控硅导通角在 0° ~ 180° 范围内同步逐渐增大,才能保证发电机三相电流平衡,否则会对发电机不利。目前在晶闸管软并网方法中,根据晶闸管的通断状况,触发电路有移相触发和过零触发两种方式,移相触发会造成发电机每相电流为正负半波对称的非正弦波(缺角正弦波)含有较多的奇次谐波分量,这些谐波会对电网造成污染公害,必须加以限制和消除。

过零触发是在设定的周期内逐步改变晶闸管大的导通周波数,最后达到全部导通,使发电机平稳并入电网,因而不产生谐波干扰。

通过晶闸管软并网将风力驱动的异步发电机并入电网是目前国内外中型及大型风力发电组中普遍采用的,中国引进和自行开发研制生产的250kW、300kW、600kW的并网型异步风力发电机组都采用这种并网技术。

（三）双馈异步发电机

1.工作原理

同步发电机在稳态运行时，其输出端电压的频率与发电机的极对数及发电机转子的转速有着严格固定的关系，即

$$f = pn/60 \tag{5-17}$$

式中：f——发电机输出电压频率，Hz。

p——发电机的极对数。

n——发电机旋转速度，r/min。

显而易见，在发电机转子变速运行时，同步发电机不可能发出恒频电能。由电机结构可知，绕线转子异步电机的转子上嵌装有三相对称绕组；根据电机原理可知，在三相对称绕组中通入三相对称交流电，则将在电机气隙内产生旋转磁场，此旋转磁场的转速与所通入的交流电的频率及电机的极对数有关，即

$$n_2 = 60 f_2 / p \tag{5-18}$$

式中：n_2——绕线转子异步电机转子的三相对称绕组通入频率为f_2的三相对称电流后所产生的旋转磁场相对于转子本身的旋转速度，r/min。

p——绕线转子异步电机的极对数。

f_2——绕线转子异步电机转子三相绕组通入的三相对称交流电频率，Hz。

从式（5-18）可知，改变频率f_2，即可改变n_2，而且若改变通入转子三相电流的相序，还可以改变此转子旋转磁场的转向。因此，若设n_1为对应于电网频率为50Hz（$f_1=50$Hz）时异步发电机的同步转速，而n为异步电机转子本身的旋转速度，则只要维持$n \pm n_2 = n_1 =$常数，见式（5-19），则异步电机定子绕组的感应电势如同在同步发电机时一样，其频率将始终维持为f_1不变。

$$n \pm n_2 = n = \text{同步转速} \tag{5-19}$$

异步发电机的滑差率$S = (n_1 - n)/n_1$，则异步电机转子三相绕组内通入的电流频率应为

$$f_2 = pn_2/60 = p(n_1 - n)/60 = (pn_1/60) \times (n_1 - n)/n_1 = f_1 S \tag{5-20}$$

式（5-20）表明，在异步电机转子以变化的转速转动时，只要在转子的三相对称绕组中通入滑差率（$f_1 S$）的电流，则在异步电机的定子绕组中就能产生

50Hz的恒频电势。

根据双馈异步电机转子转速的变化，双馈异步电机可有以下三种运行状态：

（1）亚同步运行状态。在此种状态下，$n<n_1$，由滑差率为f_2的电流产生的旋转磁场转速n_2与转子的转速方向相同，因此有$n+n_2=n_1$。

（2）超同步运行状态。此种状态下，$n>n_1$，改变通入转子绕组的频率为f_2的电流相序，则其所产生的旋转磁场转速n_2的转向与转子相反，因此有$n-n_2=n_1$。为了实现n_2转向反向，在由亚同步运行转向超同步运行时，转子三相绕组必须能自改变其相序；反之，也是一样。

（3）同步运行状态。此种状态下，$n=n_1$，滑差率$f_2=0$，这表明此时通入转子绕组的电流的频率为0，即直流电流，因此与普通同步电机一样。

2.等值电路及矢量图

根据电机理论，可推测出双馈异步发电机的等值电路。

图中常用r_1、X_1、r_m、X_m、r'_2、X'_2为定子、转子绕组及励磁绕组参数；U_1、I_1、E_1及U'_2、I'_2、E'_2分别代表定子及转子绕组的电压、电流、感应电势；I_0及Φ_m为励磁电流以及气隙磁通。只要知道电机的参数，利用等值电路，就可以计算不同滑差率及负载的发电机的运行性能。

对于双馈异步发电机稳态运行时的矢量，在亚同步运行时，转子电路的滑差率即$SP_m=m_2U_{2N}I_2\cos\phi_2$为正值（$\cos\phi_2>0$），表明需要有转子外接电（$\cos\phi_2<0$），表明转子可向外接电源送出功率。对于电源送入功率，在超同步运行时，转子电路的滑差率$SP_m=m_2U_{2s}I_2\cos\phi_2$为负值。

3.功率传递关系

双馈异步发电机在亚同步运行及超同步运行时的功率与发电机的电磁功率、电机的滑差有关。

（四）低速交流发电机

1.风力机直接驱动的低速交流发电机的应用场合

火力发电厂中应用的是高速的交流发电机，核发电厂中应用的也是高速交流发电机，其转速为300 r/min或1500 r/min。在水力发电厂中应用的则是低速的交流发电机，视水流落差的高低，其转速为几十转每分至几百转每分。这是因为火力发电厂是由高速旋转的汽轮机直接驱动交流发电机，而水力发电厂中应用的则是由低速旋转的水轮机直接驱动交流发电机。

风力机也属于低速旋转的机械，中型及大型风力机的转速约为10～40 r/min，比水轮机的转速还要低。大型风力发电机组在风力机与交流发电机之间装有增速齿轮箱，需借助齿轮箱提高转速，因此应用的仍是高速交流发电机。如果由风力机直接驱动交流发电机，则必须应用低速交流发电机。

2. 低速交流发电机的特点

（1）外形特点。根据电机理论可知，交流发电机的转速（n）与发电机的极对数（p）及发电机发出的交流电的频率（f）有固定的关系，即

$$p=60f/n \tag{5-21}$$

当 $f=50\text{Hz}$ 为恒定值时，发电机的转速愈低，则发电机的极对数应愈多。从电机结构可知，发电机的定子内径（D_i）与发电机的极数（$2p$）及极距（τ）成正比，即

$$D_i=2p\tau \tag{5-22}$$

因此低速发电机的定子内径大于高速发电机的定子内径。从电机设计的原理又知，发电机的容量（P_N）与发电机定子内径（D_i）、发电机的轴向长度（l）有关，即

$$PM=1/CnD_i^2l \tag{5-23}$$

由式（5-23）可知，当发电机的设计容量一定时，发电机的转速愈低，则发电机的尺寸（D_i^2l）愈大；而由式（5-22）可知，对于低速发电机，发电机的定子内径大，因此发电机的轴向长度相对于定子内径而言是很小的，即 $D_i>l$，也可以说，低速发电机的外形酷似一个扁平的大圆盘。

（2）绕组槽数。由于低速发电机极数多，发电机每极每相的槽数（q）少，当 q 为小的整数（例如，$q=1$），就不能利用绕组分布的方法来削减谐波磁密在定子绕组中感应产生的谐波电热，同时由定子上齿槽效应而产生的齿谐波电势也加大了，这将导致发电机绕组的电势波形不再是正弦形的。根据电机绕组理论，采用分数槽绕组，则可以削弱高次谐波电势及高次齿谐波电势，使发电机绕组电势波形得到改善，成为正弦波形。所谓分数槽绕组就是发电机的每极每相槽数不是整数，而是分数，即

$$q=Z/2pm=分数=b+c/d \qquad (5-24)$$

式中：Z——沿定子铁芯内圆的总槽数。

m——发电机的相数。

大型水轮发电机多采用分数槽绕组，在中小型低速发电机中也可采用斜槽（把定子铁芯上的槽数或转子磁极扭斜一个定子齿距的大小）或采用磁性槽楔，也可减小齿谐波电势。

在风力发电系统中，若风力机为变速运行，并采用AC-DC-AC方式与电网连接，也可不采用分数槽绕组，而在逆变器中采用PWM（Pulse Width Modulation，脉宽调制）方式来获得正弦形的交流电。

（3）低速交流发电机转子磁极数多，采用永久磁体，可以使转子的结构简单，制造方便。低速交流发电机的定子内径大，因而转子大尺寸及惯量也大，这对平抑风力起伏引起的电动势是有利的；但转子轮缘的结构和其截面尺寸应满足允许的机械强度及导磁的需要。

（4）结构类型。根据风力机的结构类型分为水平轴和垂直轴两种类型，低速交流发电机也有水平轴和垂直轴两种类型，德国采用的是水平轴结构，而加拿大采用的是垂直轴结构。

（五）无刷双馈异步发电机

1.结构

无刷双馈异步发电机在结构上由两台绕线式三相异步电机组成，一台作为主发电机，其定子绕组与电网连接；另一台作为励磁电机，其定子绕组通过变频器与电网来连接。两台异步电机的转子为同轴连接，转子绕组在电路上互相来连接，因而在转子转轴上皆没有滑环和电刷。

2.利用无刷双馈异步发电机实现变速恒频发电的原理

若风力风轮经升速齿轮箱带动异步电机转子旋转的转速为n_R，当风速变化时，则n_R也变化，即异步电机为变速运行。

3.优缺点

（1）由于不存在滑环及电刷，运行时的事故率小，更安全可靠。

（2）在高风速运行时，除去主发电机向电网送入电功率外，励磁机经变频器可向电源馈送电功率。

（3）采用了两台异步电机，整个电机系统的结构尺寸增大，这将导致风电机组机舱结构尺寸及质量增加。

（六）交流整流子发电机

在风力发电系统中采用交流整流子发电机亦可以实现在风力机变速运转下获得恒频交流电。交流整流子发电机是一种特殊的电机，这样发电机的输出频率等于其励磁频率，而与原动机的转速无关，因此只需有一个频率恒定的交流励磁电源，例如50Hz的励磁电源就可以了。

（七）高压同步发电机

1. 结构特点

这种发电机是将同步发电机的输出端电压提高到10～20kV，甚至高达40kV以上。因为发电机的定子绕组输出电压高，因而可以不用升压变压器而直接与电网连接，即兼有发电机及变压器的功能，是一种综合的发电设备，是由ABB（Asea Brown Boveri，艾波比集团）公司于1998年研制成功的。这种电机在结构上有两个特点：一是发电机的定子绕组不是采用传统发电机中带绝缘的矩形截面铜导体，而是利用圆形的电缆线制成，电缆具有坚固的绝缘，此外，因为定子绕组的电压高，为满足绕组匝数的要求，定子铁芯槽形为深槽的；二是发电机转子采用永磁材料制成，且为多极的，因为不需要电流励磁，故转子上没有滑环。

2. 高压发电机在风力发电系统中的应用

（1）高压发电机与风力机转子叶轮直接连接，不用增速齿轮箱，以低速运转，减少了齿轮箱运行时的能量损耗，同时由于省去了一台升压变压器，又免除了变压器运行时的损耗，转子上没有励磁损耗及滑环上的摩擦损耗，故与采用具有齿轮增速传动及绕线转子异步发电机的风力发电系统比较，系统的损耗降低，效率约可提高5％左右。这种高压发电机应用在风力发电系统中，又称为Windformer。

（2）由于不采用增速齿轮箱，减少了运行时的噪声及机械应力，降低了维护工作量，提高了运行的可靠性。与传统的发电机相比，采用电缆线圈可减少线圈匝间及相间绝缘击穿的可能性，也提高了系统运行的可靠性。

（3）采用Windformer技术的风电场与电网连接方便、稳妥。风电场中每台高压发电机的输入端可经过整流装置变换为高压直流电输出，并接到直流母线上，实现并网，再将直流电经逆变器转换为交流电，输送到地方电网；若需要将电力远距离输送时，可通过再设置更高变比的升压变压器接入高压输电线路。

（4）这种高压发电机因采用深槽形定子铁芯，会导致定子齿抗弯强度下降，必须采用新型强固的槽楔，使定子铁芯齿得以压紧，同时因应用电缆来制造定子绕组，使得电机的质量增加约20%～40%，但由于省去了一台变压器及增速齿轮箱，风电机组的总质量并未增加。

（5）这种发电机采用永磁转子，需要用大量的永磁材料，同时对永磁材料的性能稳定性要求高。

1998年，ABB公司第一次展示了单机容量为3～5MW、电压为1.2 kV的高压永磁同步发电机，计划安装于瑞典的Nassuden风电场（该风场为近海风场，年平均风速为8 m/s，估算年发电量可达11GW·h），以期对海上风电场运行做出评价。

三、蓄能装置

（一）蓄能装置的必要性及蓄能方式

风能是随机性的能源，具有间歇性，并且是不能直接储存起来的，因此，及时在风能资源丰富的地区将风力发电机作为获得电能的主要方法时，必须配备适当的蓄能装置。

在风力强期间，除了通过风力发电机组向用电负荷提供所需的电能以外，将多余的风能转换为其他形式的能量在蓄能装置中储存起来；在风力弱或无风期间，再将蓄能装置中储存的能量释放出来并转换为电能，向用电负荷供电。可见蓄能装置是风力发电系统中实现稳定和持续供电必不可少的工具。

当前风力发电系统中的蓄能方式主要有蓄电池蓄能、飞轮蓄能、抽水蓄能、压缩空气蓄能、电解水制氢蓄能等几种。

（二）蓄电池蓄能

在独立运行的小型风力发电系统中，广泛使用蓄电池作为蓄能装置。蓄电池的作用是当风力较强或用电负荷减小时，可以将来自风力发电机发出的电能中的一部分蓄存在蓄电池中，也就是向蓄电池充电；当风力较弱、无风或用电负荷增大时，蓄存在蓄电池中的电能向负荷供电，以补足风力发电机所发电能的不足，达到维持向负荷持续稳定供电的作用。风力发电系统中常用的蓄电池有铅酸电池（亦称铅蓄电池）和镍镉电池（亦称碱性蓄电池）。

单格铅酸蓄电池的电动势约为2V，单格碱性蓄电池的电动势约为1.2V左右，将多个单格蓄电池串联组成蓄电池组，可获得不同的蓄电池组电势，如12V、24V、36V等。当外电路闭合时，蓄电池正负两极间的点位差即为蓄电池的端电压（亦称电压）。

蓄电池的端电压在充电和放电过程中，电压并不相同。充电时，蓄电池的电压高于其电动势；放电时，蓄电池的电压低于其电动势，这是因为蓄电池有电阻，且蓄电池的内阻随温度的变化比较明显。

蓄电池的容量以Ah表示，容量为100 Ah的蓄电池代表该蓄电池的容量，若放电电流为10 A，可连续放电10 h；若放电电流为5 A，则可连续放电20 h。在放电过程中，蓄电池的电压随着放电而逐渐降低，放电时，铅酸蓄电池的电压不能低于1.4~1.8V，碱性蓄电池的电压不能低于0.8~1.1V。蓄电池放电时的最佳电流值为10h放电率电流，蓄电池的最佳充电电流值等于其最佳放电电流值。

蓄电池经过多次充电及放电以后，其容量会降低，当蓄电池的容量降低到其额定值的80%以下时，就不能再使用了，也就是蓄电池有一定的使用寿命。影响蓄电池使用寿命的因素很多，如充电或放电过度、蓄电池的电解液溶度太大或纯度降低以及在高温环境下使用等都会使蓄电池的性能变坏，降低蓄电池的使用寿命。

（三）飞轮蓄能

从运动学知道，做旋转运动的物体皆具有动能，此动能也称为旋转的惯性能，其计算公式为

$$A = 1/2 J\Omega^2 \tag{5-25}$$

式中：A——旋转物体的惯性能量；

J——旋转物体的转动惯量，Nms^2。

Ω——旋转物体的旋转角速度，rad/s。

式（5-33）所表示的为旋转物体达到稳定的旋转角速率Ω时所具有的动能。若旋转物体的旋转角速度是变化的，如由Ω_1增加到Ω_2，则旋转物体增加的动能为

$$\Delta A = J\int_{\Omega_2}^{\Omega_1} \Omega d\Omega = 1/2 J(\Omega_2^2 - \Omega_1^2) \quad (5-26)$$

这部分增加的动能即储存在旋转体中，反之，若旋转物体的旋转角速度减小，则有部分旋转的惯性动能被释放出来。

同时由动力学原理可知，旋转物体的转动惯量J与旋转物体的重力及旋转部分的惯性直径有关，即

$$J = GD^2/4g \quad (5-27)$$

式中：G——旋转物体的重力。

D——旋转物体的惯性直径。

g——重力加速度，9.81m/s²。

风力发电系统中采用飞轮蓄能，即在风力发电机的轴系上安装一个飞轮，利用飞轮旋转时的惯性储能原理，当风力强时，风能即以动能的形式储存在飞轮中；当风力弱时，储存在飞轮中的动能则释放出来驱动发电机发电。采用飞轮蓄能可以平抑由于风力起伏而引起的发电机输出电能的波动，改善电能的质量。

风力发电系统中采用的飞轮一般多由钢制成，飞轮的尺寸大小则视系统所需储存和释放能量的多少而定。

（四）电解水制氢蓄能

电解水可以制氢，而且氢可以储存。在风力发电系统中采用电解水制氢蓄能，就是在用电负荷小时，将风力发电机组提供的多余电能用来电解水，使氢和氧分离，把电能储存起来；当用电负荷增大、风力减弱或无风时，使储存的氢和氧在燃料电池中进行化学反应而直接产生电能，继续向负荷供电，从而保证供电的连续性，故这种蓄能方式是将随时的不可储存的风能转换为氢能储存起来；而制氢、储氧及燃料电池则是这种蓄能方式的关键技术和部件。

燃料电池（Fuel cell）是一种化学电池，其作用原理是把燃料氧化时所释

放出来的能量通过化学变化转化为电能。在以氢作燃料时，就是利用氢和氧化合时的化学变化所释放出来的化学能，通过电极反应，直接转化为电能，即 $H_2+1/2O_2 \rightarrow H_2O+$电能。由此化学反应式看出，除产生电能外，只产生水，因此，利用燃料电池发电是一种清洁的发电方式，而且由于没有运动条件，工作起来更安全可靠。利用燃料电池发电的效率很高，例如，碱性燃料电池的发电效率可达到50%~70%。

在这种蓄能方式中，氢的储存也是一个重要环节。储氢技术有多种形式，其中以金属氧化物储氢最好，其储氢度高，优于气体储氢及液态储氢，不需要高压和绝热的容器，安全性能好。

目前，国外还研制出一种再生式燃料电池（Regenerative Fuel cell），这种燃料电池既能利用氢氧化合直接产生电能，反过来应用它可以电解水而产生氢和氧。

毫无疑问，电制水制氢蓄能是一种高效、清洁、无污染、工作安全、寿命长的蓄能方式，但燃料电池及储氢装置的费用则较贵。

（五）抽水蓄能

这种蓄能方式在地形条件合适的地区可采用。所谓地形条件合适，就是在安装风力发电机的地点附近有高地，在高地处可以建造蓄水池或水库，而在低地处有水。当风力强而用电负荷所需要的电能少时，风力发电机发出的多余的电能驱动抽水机，将低地处的水抽到高处的蓄水池或水库中存储起来；在无风期或是风力较弱时，则将高地蓄水池或水库中存储的水释放出来流向低地水池，利用水流的动能推动水轮机转动，并带动与之相连接的发电机发电，从而保证用电负荷不断电，实际上，这时已是风力发电机和水力发电同时运行，共同向负荷供电。当然，在无风期，只要是在高地蓄水池或水库中有一定的蓄水量，就可靠水力发电来维持供电。

（六）压缩空气蓄能

与抽水蓄能方式相似，这种蓄能方式也需要特定的地形条件，即需要有挖掘的坑、废弃的矿坑或是地下的岩洞。当风力强、用电负荷少时，可将风力发电机发出的多余的电能驱动一台由电动机带动的空气压缩机，将空气压缩后存储在地坑内；而在无风期或用负荷增大时，则将存储在地坑内的压缩空气释放出来，形成高速气流，从而推动涡轮机转动，并带动发电机发电。

第三节　并网风力发电机组的设备

一、风力发电机组设备

（一）水平轴风力发电机

关于各种类型的风力发电机组前面已作了详细的论述，这里根据风电场建设项目中对设备选型的要求，重点论述不同结构风电机组的选型原则，以便读者在风电场建设中选择机组时参考。

1.结构特点

水平轴风力发电机是目前国内外广泛采用的一种结构形式。其主要的优点是风轮可以架设到离地面较高的地方，从而减少了由于地面扰动对风轮动态特性的影响。它的主要机械部件都在机舱中，如主轴、齿轮箱、发电机、液压系统及调向装置等。

水平轴风力发电机的优点是：

（1）由于风轮架设在离地面较高的地方，随着高度的增加，发电量增高。

（2）叶片角度可以调节功率，调节直到顺桨（即变桨距）或采用失速调节。

（3）风轮叶片的叶型可以进行空气动力最佳设计，可达最高的风能利用效率。

（4）启动风速低，可自启动。

水平轴风力发电机的缺点是：

（1）主要机械部件在高空中安装，拆卸大型部件时不方便。

（2）与垂直轴风力机比较，叶型设计及风轮制造较为复杂。

(3)需要对风装置(即调向装置),而垂直轴风力机不需要对风装置。

(4)质量大,材料消耗多,造价较高。

(5)上风向与下风向。水平轴风力发电机组也可分为上风向和下风向两种结构。这两种结构的不同主要是风轮在塔架前方还是在后方。欧洲的丹麦、德国、荷兰、西班牙的一些风电机组制造厂家等都采用水平轴上风向的机组结构,有一些美国的厂家曾采用过下风向机组。顾名思义,上风向机组是风先通过风轮,然后再达塔架,因此气流在通过风轮时因受塔架的影响,要比下风向时受到的扰动小得多。上风向必须安装对风装置,因为上风向风轮在风向发生变化时无法自动跟随风向。在小型机组上多采用尾翼、尾轮等机构,人们常称这种方式为被动式对风偏航。

现代大型风电机组多采用在计算机控制下的偏航系统,采用液压马达或伺服电动机等通过齿轮传动系统实现风电机组机舱对风,称为主动对风偏航。上风向风电机组其测风点的布置是人们常感到困难的问题,如果布置在机舱的后面,风速、风向的测量准确性会受到风轮旋转的影响。有人曾把测风系统装在轮毂上,但实际上也会受到气流扰动而无法准确地测量风轮处的风速。

对于下风向风轮,由于塔影效应,使得叶片受到周期性大的载荷变化的影响,又由于风轮被动自由对风而产生的陀螺力矩,这样使风轮轮毂的设计变得复杂起来。此外,由于每一叶片在塔架外通过时气流扰动,从而引起噪声。

2.主轴、齿轮箱和发电机的相对位置

(1)紧凑型(compact)。这种结构是风轮直接与齿轮箱低速轴连接,齿轮箱高速轴输出端通过弹性联轴节与发电机连接,发电机与齿轮箱外壳连接。这种结构的齿轮箱是专门设计的。由于结构紧凑,可以节省材料和相应的费用。风轮上的力和发电机的力都是通过齿轮箱壳体传递到主框架上的。这样的结构,主轴与发电机轴在同一平面内。这样的结构在齿轮箱损坏拆下时,需将风轮、发电机都拆下来,拆卸麻烦。

(2)长轴布置型。风轮通过固定在机舱主框架的主轴,再与齿轮箱低速轴连接。这时的主轴是单独的,有单独的轴承支承。这种结构的优点是,风轮不是作用在齿轮箱低速轴上,齿轮箱可采用标准的结构,减少了齿轮箱低速轴受到的复杂力矩,降低了费用,减少了齿轮箱受损坏的可能性。刹车安装在高速轴上,减少了由于低速轴刹车造成齿轮箱的损害。

3.叶片数的选择

从理论上讲,减少叶片数、提高风轮转速可以减小齿轮箱速比,减小齿轮箱的费用,叶片费用也有所降低,但采用1~2个叶片的,动态特性降低,产生振动。为避免结构的破坏,必须在结构上采取措施,如跷跷板机构等,而且另一个问题是当转速很高时,会产生很大的噪声。

(二)垂直轴风力发电机

垂直轴风力发电机是一种风轮叶片绕垂直于地面的轴旋转较大的风力机械,通常见到的是达里厄型(Darrieus)和H型(可变几何式)。过去,人们利用的古老的阻力型风轮,如Savonius风轮、Darrieus风轮,代表着升力型垂直轴风力机的出现。

自20世纪70年代以来,有些国家又重新开始设计研制立轴式风力发电机,一些兆瓦级立轴式风力发电机在北美投入运行。但这种风轮的利用仍有一定的局限性,它的叶片多采用等截面的NACA0012~NACA0018系列的翼形,采用玻璃钢或铝材料,利用拉伸成型的办法制造而成,这种方法使一种叶片的成本相对较低,模具容易制造。由于在整个圆周运行范围内,当叶片运行在后半周时,它非但不产生升力反而产生阻力,使得这种风轮的风能利用率低于水平轴。虽然它质量小,容易安装,且大部件(如齿轮箱、发电机等)都在地面上,便于维护检修,但是它无法自启动,而且风轮离地面近,风能利用率低,气流受地面影响大。这种机组只是在实际样机阶段,还未投入大批量商业运行。尽管这种结构可以通过改变叶片的位置来调节功率,但造价昂贵。

(三)其他类型

其他类型,如风道式、龙卷风式、热力式等,目前这些系统仍处于开发阶段,在大型风电场机组选型中还无法考虑,因此不作详细说明。

二、风力发电机组部件

在选择机组部件时,应充分考虑部件的厂家、产地和质量等级要求,否则如果部件出现损坏,日后修理是个很大的问题。

（一）风轮叶片

叶片是风力发电机组最关键的部件，一般采用非金属材料（如玻璃钢、木材等）。风力发电机组中的叶片不像汽轮机叶片是在密封的壳体中，它的外界运行条件十分恶劣。

它要承受高温、暴风雨（雪）、雷电、盐雾、阵（飓）风、严寒、沙尘暴等的袭击。由于处于高空（水平轴），在旋转过程中，叶片要受重力变化的影响以及由于地形变化引起的气流扰动的影响，因此叶片上的受力变化十分复杂。由于这种动态部件的结构材料的疲劳特性，因此在风力发电机选择时要格外慎重考虑。当风力达到风力发电机组设计的额定风速时，在风轮上就要采取措施以保证风力发电机的输出功率不会超过允许值。这里有两种常用的功率调节方式，即变桨距和失速调节。

1.变桨距

变桨距风力机是指整个叶片绕叶片中心轴旋转，使叶片攻角在一定范围（一般为0°～90°）内变化，以便调节输出功率不超过设计容许值。在机组出现故障时，需要紧急停机，一般应先使叶片顺桨，这样机组结构中受力小，可以保证机组运行的安全可靠性。变桨距叶片一般叶宽小，叶片轻，机头质量比失速机组小，不需很大的刹车，启动性能好。在低空气密度地区仍可达到额定功率，在额定风速后，输出功率可保持相对稳定，保证较高的发电量。但由于增加了一套变桨距机构，增加了故障发生的概率，而且处理变距结构中叶片轴承故障难度大。变距机组比较适合在高原空气密度低的地区运行，避免了当失速机安装角确定后有可能夏季发电低而冬季又超发的问题。变桨距机组适合于额定风速以上风速较多的地区，这样发电量的提高比较显著。上述特点应在机组选择时加以考虑。

2.定桨距（带叶尖刹车）

确切地说，定桨距应该是固定桨距失速调节式，即机组在安装时根据当地风资源情况，确定一个桨距角度（一般为-4°～4°），按照这个角度安装叶片。风轮在运行时，叶片的角度就不再改变了，当然，如果感到发电量明显减小或经常过功率，可以随时进行叶片角度调整。

定桨距风力机一般装有叶片刹车系统，当风力发电机需要停机时，叶尖刹车打开；当风轮在叶尖（气动）刹车的作用下转速低到一定程度时，再由机械刹车使风轮刹住到静止。当然也有极个别风力发电机没有叶尖刹车，但要求有较昂贵的低速刹车以保证机组的安全运行。定桨距失速式风力发电机的优点是轮毂和叶根部件没有结构运动部件，费用低，因此控制系统不必设置一套程序来判断控制变桨距过程。在失速的过程中，功率的波动小，但这种结构也存在一些先天的问题。叶片设计制造中，由于定桨距失速叶宽大，机组动态载荷增加，要求一套叶尖刹车在空气密度变化大的地区、在季节不同时输出功率变化很大。

综合上述，两种功率调节方式各有优缺点，适合范围和地区不同，在风电场风电机组选择时，应充分考虑不同机组的特点以及当地风资源情况，以保证安装的机组达到最佳的出力效果。

（二）齿轮箱

齿轮箱是联系风轮与发电机之间的桥梁。为减少使用更昂贵的齿轮箱，应提高风轮的转速，减小齿轮箱的增速比，但实际中叶片数受到结构限制，不能太少，从结构平衡等特性来考虑，还是选择三叶片比较好。目前，风电机组齿轮箱的结构有下列几种。

1.二级斜齿

这是风电机组中常采用的齿轮箱结构之一，这种结构简单，可采用通用先进的齿轮箱，与专门设计的齿轮箱比，价格可以降低。在这种结构中，轴之间存在距离，与发电机轴是不同轴的。

2.斜齿加行星轮结构

由于斜齿增速轴要平移一定距离，机舱由此而变宽。另一种结构是行星轮结构。行星轮结构紧凑，比相同变比的斜齿价格低一些，效率在变比相同时要高一些，在变距机组中常考虑液压轴（控制变距）的穿过，因此采用二级行星轮加一级斜齿增速，使变距轴从行星轮中心通过。

（1）升速比

根据前面所述，为避免齿轮箱价格太高，因此升速比要尽量小，但实际上风轮转速为20～30 r/min，发电机转速为1500 r/min，那么升速比应在50～75变化。风轮转速受到叶尖速度不能太高的限制，以避免太高的叶尖噪声。

（2）润滑方式及各部件的监测

齿轮箱在运行中由于要承担动力的传递，会产生热量，这就需要良好的润滑和冷却系统以保证齿轮箱的良好运行。如果润滑方式和润滑剂选择不当，润滑系统失效就会损坏齿面或轴承（润滑剂的选择问题在后面讨论运行维护时还将详细论述）。冷却系统应能有效地将齿轮动力传输过程中发出的热量散发到空气中去。在运行中还应监视轴承的温度，一旦轴承的温度超过设定值，就应该及时报警停机，以避免更大的损坏。

当然，在冬季如果天气长期处于0℃以下时，应考虑给齿轮箱的润滑油加热，以保证润滑油不至于在低温黏度变低时无法飞溅到高速轴轴承上进行润滑而造成高速轴轴承损坏。

（三）发电机

风电场中有如下几种类型发电机可供风电机组选型时选择：异步发电机、同步发电机、双馈异步发电机、低速永磁发电机。

（四）电容补偿装置

由于异步发电机并网需要无功，如果全部由电网提供，无疑对风电场经济运行不利。因此，目前绝大部分风电机组中带有电容补偿装置，一般电容器组由若干个几十千伏的电容器组成，并分成几个等级，根据风电机组容量大小来设计每级补偿多少。每级补偿切入和切出都要根据发电机功率的多少来增减，以便功率因数趋近1。

根据上面的论述可以看出，在风力机组选型时，发电机选择应考虑如下几个原则：

（1）考虑高效率、高性能的同时，应充分考虑结构简单和高可靠性。

（2）在选型时，应充分考虑质量、性能、品牌，还要考虑价格，以便在发电机组损坏时修理以及机组国产化时减少费用。

（五）塔架

塔架在风力发电机组中主要起支撑作用，同时吸收机组振动。塔架主要分为塔筒状和桁架式。

1.塔筒状塔架

国外引进及国产机组绝大多数采用塔筒式结构。这种结构的优点是刚性好,冬季人员登塔安全,连接部分的螺栓与桁架式塔相比要少得多,维护工作量少,便于安装和调整。目前我国完全可以自行生产塔架,有些达到了国际先进水平。40 m塔筒主要分上下两段,安装方便。一般两者之间用法兰及螺栓连接。塔筒材料多采用Q235D板焊接而成,法兰要求采用Q345板(或Q235D冲压)以提高层间抗剪切力。从塔架底部到塔顶,壁厚逐渐减少,如6 mm、8 mm、12 mm。从上到下采用5°的锥度,因此塔筒上每块钢板都要计算好尺寸再下料。在塔架的整个生产过程中,对焊接的要求很高,要保证法兰的平面度以及整个塔筒的同心。

2.桁架式塔架

桁架式采用类似电力塔的结构。这种结构风阻小,便于运输,但组装复杂,并且需要每年对塔架上的螺栓进行紧固,工作量很大,冬季爬塔条件恶劣。多采用16Mn钢材料的角钢结构(热镀锌),螺栓多采用高强型(10.9级)。它更适于南方海岛使用,特别是阵风大、风向不稳定的风场使用,桁架塔更能吸收机组运行中产生的扭矩和振动。

3.塔架与地基的连接

塔架与地基的连接主要有两种方式:一种是地脚螺栓;另一种是地基环。地脚螺栓除要求塔架底法兰螺孔有良好的精度外,还要求地脚螺栓强度高,在地基中需要良好定位,并且在底法兰与地基间还要打一层膨胀水泥。而地基环则要加工一个短段塔架并要求良好防腐放入地基,塔架底端与地基采用法兰直接对法兰连接,便于安装。

塔架的选型原则应充分考虑外形美观、刚性好、便于维护、冬季登塔条件好等特点(特别在中国北方)。当然,在特定的环境下,还要考虑运输和价格等问题。

(六)控制系统

1.控制系统的功能和要求

控制系统总的功能和要求是保证机组运行的安全可靠。通过测试各部分的状态和数据,来判断整个系统的状况是否良好,并通过显示和数据远传,将机组的各类信息及时准确地报告给运行人员,帮助运行人员追忆现场,诊断故障原因,记录发电数据,实施远方复位,启停机组。

(1)控制系统的功能

①运行功能。保证机组正常运行的一切要求,如启动、停机、偏航、刹车变桨距等。

②保护功能。超速保护、发电机超温、齿轮箱(油、轴承)超温、机组振动、大风停机、电网故障、外界温度太低、接地保护、操作保护等。

③记录数据。记录动作过程(状态)、故障发生情况(时间、统计)、发电量(日、月、年)、闪烁文件记录(追忆)、功率曲线等。

④显示功能。显示瞬间平均风速、瞬间风向、偏航方向、机舱方向;平均功率、累积发电量,发电机转子温度、主轴、齿轮箱发电机轴承温度,双速异步发电机、大小发电机状态,刹车状态、泵油、油压、通风状况、机组状态;功率因数、电网电压、输出电流(三相)、风轮转速、发电机转速、机组振动水平;外界温度、日期、时间、可用率等。

⑤控制功能。偏航、机组启停、泵油控制、远传控制等。

⑥试验功能。超速试验、停机试验、功率曲线试验等。

(2)控制系统

要求计算机或PLC(Programmable Logic Controller,可编程序控制器)工作可靠,抗干扰能力强,软件操作方便、可靠;控制系统简洁明了、检查方便,其图纸清晰,易于理解和查找并且操作方便。

2.远控系统

远方传输控制系统指的是风电机组到主控制室直至全球任何一个地方的数据交换。远方监控界面与风电机组的实时状态及现场控制器显示屏完全相同的监视和操作功能。远传系统主要由上位机(主控系统)中通信板、通信程序、通信线路、下位机和Modem以及远控程序组成。远控系统应能控制尽可能多的机组,并尽量使远控画面与主控画面一致(相同)。远控系统有着良好的显示速度、稳定的通信质量。远控程序应可靠,界面友好,操作方便。通信系统应加装防雷系统,具有支持文件输出、打印功能,具有图表生成系统,可显示功率曲线(如棒图、条形图和曲线图)。

三、风力发电机组选型的原则

(一) 对质量认证体系的要求

风力发电机组选型中最重要的一个方面是质量认证,这是保证风电场机组正常运行及维护最根本的保障体系。风电机组制造都必须具备ISO9000系列的质量保证体系的认证。

目前,国内正由中国船级社组织建立中国风电质量认证体系。风力发电机的认证体系中包括型号认证(审批)。丹麦在对批量生产的风电机组进行型号审批包括三个等级。

1.A级

所有部件的负载、强度和使用寿命的计算说明书或测试文件必须齐备,不允许缺少,不允许采用非标准件。认证有效期为一年,由基于ISO9001标准的总体认证组成。

2.B级

认证基于ISO9002标准,安全和维护方面的要求与A级形式认证相同,而不影响基本安全的文件可以列表并可以使用非标准年。

3.C级

认证是专门用于试验和示范样机的,只认证安全性,不对质量和发电量进行认证。

认证包括四个部分:设计评估、型式试验、制造质量和特性试验。

(1) 设计评估

设计评估资料包括提供控制及保护系统的文件,并清楚说明如何保证安全以及模拟试验和相关图纸;载荷校验文件,包括极端载荷、疲劳载荷(并在各种外部运行条件下载荷的计算);结构动态模型及试验数据;结构和机电部件设计资料;安装运行维护手册及人员安全手册等。

(2) 型式试验

型式试验包括安全及性能效同试验、动态性能试验和载荷试验。

(3) 制造质量

在风电机组运抵现场后,应进行现场的设备验收认证。在安装高度和运行过程中,应按照ISO9000系列标准进行验收。风力发电机组通过短时间的运行(如保修期内）应进行保修期结束的认证，认证内容包括技术服务是否按合同执行损坏零部件是否按合同规定赔偿等。

（4）风力发电机组测试

①功率曲线，按照IEC61400-12的要求进行。

②噪声试验，按照IEC61400-11噪声测试中的要求进行。

③电能品质，按照IEC61400-21电能品质测试要求进行。

④动态载荷，按照IEC61400-13机械载荷测试要求运行。

⑤安全性及性能试验，按照IEC61400-1安全性要求进行。

（二）对机组功率曲线的要求

功率曲线是反映风力发电机组发电输出性能好坏的最主要的曲线之一。一般有两条功率曲线由厂家提供给用户，一条是理论（设计）功率曲线，另一条是实测功率曲线，通常是由公正的第三方即风电测试机构测得的。国际电工组织颁布实施了IEC61400-12功率性能试验的功率曲线的测试标准，这个标准对如何测试标准的功率曲线有明确的规定。标准的功率曲线是指在标准状态下（15℃，101.3kPa）的功率曲线。不同的功率调节方式，其功率曲线形状也就不同，不同的功率曲线对于相同的风况条件下，年发电量就会不同。一般说来，失速型风力发电机在叶片失速后，功率很快下降之后还会再上升，而变距型风力发电机在额定功率之后，基本在一个稳定功率上波动。功率曲线是风力发电机组发电机功率输出与风速的关系曲线。对于某一风场的测风数据，可以按bin分区的方法（按IEC61400-12规定bin宽为0.5m/s），求得某地风速分布的频率（即风频），根据风频曲线和风电机组的功率曲线，就可以计算出这台机组在这一风场中的理论发电量，当然，这里是假设风力发电机组的可利用率为100%（忽略对风损失、风速在整个风轮扫风面上矢量变化）。

在实际中，如果有了某风场的风频曲线，就可以根据风力发电机组的标准功率曲线计算出该机组在这一风场中的理论年发电量。在一般情况下，可能并不知道风场的风能数据，也可以采用风速的Rayleigh分布曲线来计算不同年平均风速下某台风电机组的年发电量。这里的计算是根据单台风电机组功率曲线和风频分布曲线进行的简便年发电量计算，仅用于对机组的基本计算，不是针对风电场的。实际风电场各台风电机组年发电量计算将根据专用的软件（如WASP）来计算，年发电量将受可利用率、风电机组安装地点风资源情况、地形、障碍物、尾流等多因素影响，理论计算仅是理想状态下的年发电量估算。

（三）对机组制造厂家进行业绩考查

业绩是评判一个风电制造企业水平的重要指标之一，主要以其销售的风电机组数量来评价一个企业的业绩好坏。对于世界上某一种机型的风力发电机，用户的反映直接反映该厂家的业绩。当然，人们还常常以风电制造公司所建立的年限来说明该厂家生产的经验，并作为评判该企业业绩的重要指标之一。当今世界上主要的几家风电机组制造厂的机型产品产量都已超过几百台甚至几千台，比如600kW机组。但各厂家都在不断开发更大容量的机型，如兆瓦级风电机组。新机型在采用了大量新技术的同时，充分吸收了过去几种机型在运行中成功与失败的经验教训。应该说，新机型在技术上更趋成熟，但从业绩上来看，生产产量很有限。该机型的发电特性好坏以及可利用率（即反映出该机型的故障情况）还无法在较短的时间内充分表现出来。因此，业绩的考查是风电机组中重要的指标之一。

（四）对特定条件的要求

1.低温要求

在中国北方地区，冬季气温很低，一些风场极端（短时）最低气温达到-40℃以下，而风力发电机组的设计最低运行气温在-20℃以上，个别低温型风力发电机组最低可达到-30℃。如果长时间在低温下运行，将损坏风力发电机组中的部件，如叶片等。叶片厂家尽管近几年推出特殊设计的耐低温叶片，但实际上仍不愿意这样做。主要原因是叶片复合材料在低温下其机械特性会发生变化，即变脆，这样很容易在机组正常振动条件下出现裂纹而产生破坏。其他部件，如齿轮箱和发电机以及机舱、传感器都应采取措施。齿轮箱的加温是因为当风速较长时间很低或停风时，齿轮油会因气温太低而变得很稠，尤其是采取飞溅润滑部位的方式，部件无法得到充分的润滑，导致齿轮或轴承缺乏润滑而损坏。另外，当冬季低温运行时还会有其他一些问题，如雾凇、结冰。这些雾凇、霜或结冰如果发生在叶片上，将会改变叶片气动外形，影响叶片上气流流动而产生畸变，影响失速特性，使出力难以达到相应风速时的功率而造成停机，甚至造成机械振动而停机。如果机舱稳定也很低，那么管路中润滑油也会发生流动不畅的问题，这样当齿轮箱油不能通过管路到达散热器时，齿轮箱油温度会不断上升直至停机。除了冬季在叶片上挂霜或结冰之外，有时传感器（如风速计）也会发生结冰现象。综上所述，在中国北方冬季寒冷地区，风电机组运行应考虑如下几个各方面：①应对齿轮箱油加热。②应对机舱内部加热。③传感器（如风速计）应采用加热措施。④叶片应采用低温型的。⑤控制柜内应加热。⑥所有润滑油、脂应考虑其低温特性。

中国北方地区冬季寒冷，但此期间风速很大，是一年四季中风速最高的时候，一般最寒冷季节是1月，-20℃以下温度的累计时间达1~3个月，-30℃以下温度累计日数可达几天到几十天，因此，在风电机组选型以及机组厂家供货时，应充分考虑上述几个方面的问题。

2.风力发电机组防雷

由于机组安装在野外，安装高度高，因此对雷电应采取防范措施，以便对风电机组加以保护。我国风电场特别是东南沿海风电场，经常遭受暴风雨及台风袭击，雷电日从几天到几十天不等。雷电放电电压高达几百千伏甚至上亿伏，产生的电流从几十千安到几百千安。雷电主要划分为直击雷和感应雷。雷电主要会造成风电机组系统（如电气、控制、通信系统及叶片）的损坏。雷电直击会造成叶片开裂和孔洞，通信及控制系统芯片烧损。目前，国内外各风电机组厂家及部件生产厂都在其产品上增加了雷电保护系统。如叶尖预埋导体网（铜），至少 $50\ mm^2$ 铜导体向下传导。

通过机舱上高出测风仪的铜棒，起到避雷针的作用，保护测风仪不受雷击；通过机舱到塔架良好的导电性，雷电从叶片、轮毂到机舱塔架导入大地，避免其他机械设备（如齿轮箱、轴承等）损坏。

在基础施工中，沿地基安装铜导体，沿地基周围（放射10 m）1 m地下埋设，以降低接地电阻或者采用多点铜棒垂直打入深层地下的做法减少接地电阻，满足接地电阻小于100的标准。此外，还可采用降阻剂的方法，也可以有效降低接地电阻。应每年对接地电阻进行检测；应采用屏蔽系统以及光电转换系统对通信远传系统进行保护，电源采用隔离性，并在变压器周围同样采用防雷接地网及过电压保护。

第四节 发电技术发展现状及趋势

风能利用已有数千年的历史,在蒸汽机发明之前,风能一直被用来作为碾磨谷物、抽水、船舶等机械设备的动力。现今,风能可以在大范围内无污染地发电,提供给独立用户或输送到中央电网。由于风能资源丰富,风电技术相当成熟,风电价格越来越具有市场竞争力,风电是世界上增长最快的能源。近几年来,风电装机容量年均增长超过30%,而每年新增风电装机容量的增长率则达到35.7%。同时,风电装备制造业发展迅猛,恒速、变速等各类风力发电机组也逐步实现了商品化和产业化。

一、风力发电技术现状

风力发电机组一般由叶片(集风装置)、发电机(包括传动装置)、调向器(尾翼)、塔架、限速安全机构和储能装置等构件组成。风力发电有三种运行方式:一是独立运行方式,通常由风力发电机、逆变器和蓄电池三部分组成,一台风力发电机向一户或几个用户提供电力,蓄电池用于蓄能,以保证无风时的用电;二是混合型风电运行方式,除了风力发电机外,还带有十套备用的发电系统,通常采用柴油机,在风力发电机不能提供足够的电力时,柴油机投入运行;三是风力发电并入常规电网运行,向大电网提供电力,通常是一处风电场安装几十台甚至几百台风力发电机,这是风力发电的主要方式。

风力发电系统中,发电机是能量转换的核心部分。在风力发电中,当发电机与电网并联运行时,要求风电频率和电网频率保持一致,即风电频率保持恒定,因此风力发电系统按发电机的运行方式分为恒速恒频发电机系统和变速恒频发电机系统。恒速恒频发电机系统是指在风力发电过程中保持发电机的转速不变从而得到和电网频率一致的恒频电能。恒速恒频系统一般来说比较简单,所采用的发电机主要是同步发电机和鼠笼式感应发电机,前者运行于由电机极数和频率所决定的同步转速,后者则以稍高于同步转速的速度运行。变速恒频发电机系统是指在风力发电过程中发电机的转速可以随风速变化,而通过其他的控制方式来得到和电网频率一致的恒频电能。这里主要介绍这两种电机系统。

二、风力发电技术的发展方向

随着科技的不断进步和世界各国能源政策的倾斜,风力发电发展迅速,展现出广阔的前景。未来数年,世界风电技术发展的趋势主要表现在如下几个方面。

(一)风力发电机组向大型化发展

21世纪以前,国际风力发电市场上主流机型从50 kW增加到1500 kW。进入21世纪后,随着技术的日趋成熟,风力发电机组不断向大型化发展,目前风力发电机组的规模一直在不断增大,国际上单机容量1~3MW的风力发电机组已成为国际主流风电机组,5MW风电机组已投入试运行。自2016年以来,1MW以上的兆瓦级风机占到新增装机容量的74.90%。大型风力发电机组有陆地上、海上两种发展模式。陆地风力发电,其方向是低风速发电技术,主要机型是1~3MW的大型风力发电机组,这种模式关键是向电网输电。近海风力发电主要用于比较浅的近海海域,安装3MW以上的大型风力发电机,布置大规模的风力发电场。随着陆地风电场利用空间越来越小,海上风电场在未来风能开发中将占据越来越重要的份额。

(二)风电机桨叶长度可变

随着风轮直径的增加,风力机可以捕捉更多的风能。直径40 m的风轮适用于500 kW的风力机,而直径80 m的风轮则可用于2.5 MW的风力机。长度超过80 m的叶片已经成功运行,每一米叶片长度的增加,风力机可捕捉的风能就会显著增加。和叶片长度一样,叶片设计对提高风能利用也有着重要的作用。目前丹麦、美国、德国等风电技术发达的国家、一些知名风电制造企业正在利用先进的设备和技术条件致力于研究长度可变的叶片技术,这项技术可以根据风况调整叶片的长度。当风速较低时,叶片会完全伸展,以最大限度地产生电力;随着风速增大,输出电力会逐步增至风力机的额定功率,一旦风速超过这一峰点,叶片就会回缩以限制输电量;如果风速继续增大,叶片长度会继续缩小直至最短;风速自高向低变化时,叶片长度也会做相应调整。

（三）风机控制技术不断提高

随着电力电子技术的发展，近年来发展的一种变速风电机取消了沉重的增速齿轮箱。发电机轴直接连接到风力机轴上，转子的转速随风速而改变，其交流电的频率也随之变化，经过置于地面的大功率电力电子变换器，将频率不定的交流电整流成直流电，再逆变成与电网同频率的交流电输出。由于它被设计成在几乎所有的风况下都能获得较大的空气动力效率，从而大大地提高了捕捉风能的效率。试验表明，在平均风速为6.7m/s时，变速风电机要比恒速风电机多捕获15%的风能。同时，由于机舱质量减轻和改善了传动系统各部件的受力状况，可使风电机的支撑结构减轻，从而设施费用得到降低，运行维护费用也较低。这种技术经济上可行，具有较广泛的应用前景。

（四）风力发电从陆地向海面拓展

海上有丰富的风能资源和广阔平坦的区域，风速大且稳定，利用小时数可达到30多小时。对于同容量装机，海上比陆上成本增加60%，电量增加50%以上。随着风力发电的发展，陆地上的风机总数已经趋于饱和，海上风力发电场将成为未来发展的重点。虽然近海风电场的前期资金投入和运行维护费用都要高得多，但大型风电场的规模经济使大型风力机变得切实可行。为了在海上风场安装更大机组，许多大型风力机制造商正在开发3～5MW的机组，多兆瓦级风力发电机组在近海风力发电场的商业化运行是国内外风能利用的新趋势。从2006年开始，欧洲的海上风力发电开始大规模起飞，到2016年，欧洲海上风力发电的装机容量将达到10000MW。目前，德国正在建设的北海近海风电场总功率在100万千瓦，单机功率为5MW，是目前世界上最大的风力发电机，该风电场生产出来的电量之大，可与常规电厂相媲美。

（五）采用新型塔架结构

目前，美国的几家公司正在以不同方法设计新型塔架，采用新型塔架结构有助于提高风力机的经济可行性。Valmount工业公司提出了一个完全不同的塔架概念，发明了由两条斜支架支撑的非锥形主轴。这种设计比钢制结构坚固12倍，能够从整体上降低结构中无支撑部分的成本，是传统简式风力机结构成本的一半。

用一个活动提升平台，可以将叶轮等部件提升到塔架顶部。这种塔架具有占地面积少和自安装的特点，由于其成本低且无须大型起重机，因此拓宽了风能利用的可用场址。

三、我国风电技术研发与进展

我国风电技术的发展是从 20 世纪 80 年代由小型风力发电机组开始，并由小及大的，期间以 100W~10kW 的产品为主。"九五"期间，我国重点对 600 kW 三叶片、失速型、双速型发电机的风电机组进行了研制，掌握了整体总装技术和关键部件（叶片、电控、发电机、齿轮辐等）的设计制造技术，并初步掌握了总体设计技术，对变桨距 600 kW 风电机组也研制了样机。"十五"期间，科技部对 750 kW 的失速性风电机组的技术和产品进行攻关，并取得了成功。目前，600 kW 和 750 kW 定桨距失速型机组已经成为经市场验证的、批量生产的主要国产机组。在此基础上，"十五"期间，国家"863"计划支持了国内数家企业研制兆瓦级风力发电机组和关键部件，以追赶世界主流机型先进技术。另外，还采取和国外公司合作设计、在国内采购生产主要部件组装风电机组的方式，进行 1.2 MW 直驱式变速恒频风电机组研制项目，第一台样机已经于 2005 年 5 月投入试运行，国产化率达到 25%，第二台样机于 2006 年 2 月投入试运行，国产化率达到 90%。该项目完成后，将形成具有国内自主知识产权的 1.2 MW 直接驱动永磁风力发电机组机型，同时初步形成大型风电机组的自主设计能力以及叶片、电控系统、发电机等关键部件的设计和批量生产能力。

我国对兆瓦级变速恒频风电机组项目的研制，完全立足于自主设计，技术方案采取双馈发电机、变桨距、变速技术，完成了总体和主要部件设计、缩比模型加工制造及模拟试验研究、风电机组总装方案的制订，其中兆瓦级变速恒频风电机组多功能缩比模型填补了我国大型风电机组实验室地面试验和仿真测试设备的空白。首台样机已经于加2005年9月投入试运行。该项目完成后，我国将形成1MW双馈式变速恒频风电机组机型和一套风电机组的设计开发方法，从而为全面掌握风电机组的设计技术提供基础。

在市场的激励下，自2004年以来进入风电制造业的众多企业还自行通过引进技术或通过自主研发迅速启动了兆瓦级风电机组的制造。其中一些企业与国外知名风电制造企业成立合资企业或向其购买生产许可证，直接引进国际风电市场主流成熟机型的总装技术，在早期直接进口主要部件，然后努力消化吸收，逐步实现部件国产化。

总体上看，当前国内众多整机制造企业引进和研制的各种型号兆瓦级机组（容量为1～2MW，技术形式包括失速型、直驱永磁式和双馈式），已经于2007年投入批量生产，但是兆瓦级机组控制系统仍依赖进口。

国内大型风电用发电机的研制生产起始于20世纪90年代初。在国内坚实的电机工业基础上以及国内风电市场的拉动下，目前数家企业已形成750 kW级发电机的批量生产供应能力，并在近两年内研制出了兆瓦级双馈型发电机并投入试运行。大型风电机组叶片一度是我国风电国产化的主要瓶颈。"十五"期间，国家支持中航惠腾风电设备有限公司通过参考国外先进技术积极开展自主创新，已掌握了600 kW和750 kW叶片的设计制造技术，并实现产业化，形成了研制兆瓦级容量叶片的创新能力，并于2005年研制出了1.3 MW叶片。该企业也成为国内最主要的叶片供货商，其产能已达到约1 000 MW/a。风电机组电控系统是国内风电机组制造业中最薄弱的环节，过去数年中，我国研发生产电控设备的单位经刻苦攻关，如今600 kW、750 kW风电机组的电控系统技术已经成熟，可批量生产。

针对兆瓦级变速恒频风电机组，中国科学院电工研究所、北京科诺伟业公司等单位正在加紧研发，预计1～2年内可实现批量生产。地球上的风能资源非常丰富，开发潜力巨大，全球已有不少于70个国家在利用风能，风力发电是风能的主要利用形式。自2016年以来，全球范围内风电装机容量持续较快增长。

到2009年底，全球风电累计装机总量已超过15 000万千瓦，中国风电累计装机总量突破2 500万千瓦，约占全球风电的1/6。中国风电装机容量增长迅猛，年度新增装机容量增长率连续6年超过100%，成为风电产业增长速度最快的国家。

近年来，风电大开发有力带动了相关设备市场的蓬勃发展。在国家政策支持和能源供应紧张的背景下，中国风电设备制造业迅速崛起，已经成为全球风电投资最为活跃的场所。国际风电设备巨头竞相进军中国市场，Gamesa、Vestas等国外风电设备企业纷纷在中国设厂或与我国本土企业合作。

经过多年的技术积累，中国风电设备制造业逐步发展壮大，产业链日趋完善。风电机组自主化研发取得丰硕成果，关键零部件市场迅速扩张。本土风电设备制造商中，除市场份额较大的金风、华锐、湘电外，还有不少企业发展势头较快，如天威保变、华仪电气、银星能源等。内资和合资企业在2004年前后还只占据不到1/3的中国风机市场,到2009年,这一市场份额已超过了六成。

中国对风电的政策支持由来已久,政策支持的对象由过去的注重发电转向了注重扶持国内风电设备制造。随着国产风电设备自主制造能力不断加强,2010年,国家取消了国产化率政策,提升准入门槛,加快风电设备制造业结构优化和产业升级,进一步规范风电设备产业的有序发展。

自2016年以来,中国正逢风电发展的大好时机,遍地开花的风电场建设意味着庞大的设备需求。除了风电整机需求不断增长之外,叶片、齿轮箱、大型轴承、电控等风电设备零部件的供给能力仍不能完全满足需求,市场增长潜力巨大。因此,中国风电设备制造业发展前景乐观。

第六章 海洋能及其发电技术

第一节 海水温差发电

一、海洋能概述

浩瀚的大海不仅蕴藏着丰富的矿产资源,更有真正意义上取之不尽、用之不竭的海洋能源。它既不同于海底所贮存的煤、石油及天然气等海底能源资源,也不同于溶于水中的铀、镁、锂及重水等化学能源资源,它有自己独特的方式与形态,就是用潮汐、波浪、海流、温度差及盐度差等方式表达的动能、势能、热能及物理化学能等能源。这些能源永远不会枯竭,也不会造成任何污染。

(一)海洋能的概念

海洋能是指蕴藏在海水里的可再生能源。海洋通过各种物理过程接收、贮存和散发能量,海洋空间里的风能、太阳能以及在海洋一定范围内的生物能也属于广义的海洋能。

海洋能属于清洁能源,也就是海洋能一旦开发后,其本身对环境污染影响很小。海洋能在海洋总水体中的蕴藏量巨大,但单位体积、单位面积及单位长度所拥有的能量较小。这就是说,要想得到大的能量,就得从大量的海水中获得。

海洋能具有可再生性。海洋能来源于太阳辐射能与天体间的万有引力,只要太阳、月球等天体与地球共存,这种能源就会再生,就会取之不尽、用之不竭。

海洋能有较稳定与不稳定能源之分。较稳定的为温差能、盐差能和海流能。不稳定能源分为变化有规律与变化无规律两种。属于不稳定但变化有规律的海洋能有潮汐能与潮流能。海洋能中最不稳定的能源是波浪能。人们根据潮汐潮流变化的规律，编制出各地逐日逐时的潮汐与潮流预报，预测未来各个时间的潮汐大小与潮流强弱。潮汐能发电站与潮流能发电站可根据预报表安排发电运行。既不稳定又无规律的是波浪能。

（二）海洋能的种类

海洋能主要包括潮汐能、海流能、波浪能、海水温差能（海洋热）和海水盐差能（盐浓度）。潮汐能和海流能来源于太阳和月球对地球的引力变化；其他海洋能则源于太阳能。海洋能按其贮存形式的不同，又可分为机械能（潮汐能、波浪能和海流能）、热能（海水温差能）和化学能（海水盐差能）。

1.潮汐能

潮汐导致海水平面周期性地升降，因海水涨落及潮水流动所产生的能量称为潮汐能。潮汐发电是利用海水潮涨潮落的势能发电。潮汐的能量与潮量和潮差成正比。实践证明：潮涨、潮落的最大潮差应在10 m以上（平均潮差大于或等于3 m）才能获得经济效益，否则难以实用化。人类利用潮汐发电已有近百年的历史，潮汐发电是海洋能利用技术中最成熟的、规模最大的一种。

目前世界上最大的潮汐能发电站是法国的朗斯潮汐能发电站，我国的江夏潮汐实验电站为国内最大的潮汐电站。我国潮汐能资源中可开发的装机容量在200~1 000 kW的坝址共有424处，港湾、河口可开发装机容量为200 kW以上的潮汐资源的总装机容量为2 179万千瓦，年发电量约为624亿千瓦·时。这些资源在沿海的分布是不均匀的，以福建和浙江最多，两省合计装机容量占全国总量的88.3%，其次是长江口北支（上海和江苏）、辽宁及广东，其他省区则较少，江苏沿海（长江口除外）最少，装机容量仅为0.11万千瓦。

2.海流能

海流的产生主要是因为太阳能输入不均而形成海水流动。海流能是指海水流动的动能，主要是指海底水道和海峡中较为稳定的流动以及由于潮汐导致的有规律的海水流动。海流能的能量与流速的二次方和流量成正比。相对波浪而言，海流能的变化要平稳且有规律得多。潮流能随潮汐的涨落每天两次改变大小和方向。一般说来，最大流速在2 m/s以上的水道，其海流能均有实际开发的价值。

海流能的利用方式主要是发电，海流发电是利用海洋中部分海水沿一定方向流动的海流和潮流的动能发电。其原理和风力发电相似，几乎任何一个风力发电装置都可以改造成为海流发电装置，故又称为"水下风车"。但由于海水的密度约为空气的1 000倍，且装置必须放于水下，故海流发电存在一系列的关键技术问题，包括安装维护、电力输送、防腐、海洋环境中的载荷与安全性能等。

海流动能转换为电能的装置有螺旋桨式、对称翼型立轴转轮式、降落伞式和磁流式等多种发电机。其中，磁流式是利用海水中的大量电离子，将海流通过磁场产生感应电动势而发电。

我国沿海海流能的年平均功率理论值约为1.4×10^7 kW，属于世界上海流能功率密度最大的地区之一。其中，辽宁、山东、浙江、福建和台湾沿海的海流能较为丰富，不少水道的能量密度为15~30 kW/m^2，具有良好的开发价值。特别是浙江的舟山群岛的金塘、龟山和西侯门水道，平均功率密度在20 kW/m^{2}以上，开发环境和条件十分理想。

3.波浪能

波浪能是指海洋表面波浪所具有的动能和势能，是一种在风的作用下产生，并以位能和动能的形式由短周期波贮存的机械能。波浪的能量与波高的二次方、波浪的运动周期及迎波面的宽度成正比。波浪能是海洋能源中能量最不稳定的一种能源。台风导致的巨浪，其功率密度可达每米迎波面数千千瓦，而波浪能丰富的欧洲北海地区，其年平均波浪功率也仅为每米20~40 kW。我国海岸大部分地区的年平均波浪功率密度为每米2~7 kW。

波浪发电是波浪能利用的主要方式。此外，波浪能还可以用于抽水、供热、海水淡化以及制氢等。波浪能利用装置大都源于几种基本原理：利用物体在波浪作用下的振荡和摇摆运动；利用波浪压力的变化；利用波浪的沿岸爬升将波浪能转换成水的势能等。经过对多种波浪能装置进行的实验室研究和实际海况试验及应用示范研究，波浪发电技术已逐步接近实用化水平，研究的重点也集中于三种被认为是有商品化价值的装置，包括振荡水柱式装置、摆式装置和聚波水库式装置。

我国沿岸波浪能资源理论平均功率为1 285.22万千瓦，这些资源在沿岸的分布很不均匀。以台湾地区沿岸最多，为429万千瓦，占全国总量的三分之一。其次是浙江、广东、福建和山东沿岸，均为160~205万千瓦，总共约为706万千瓦，约占全国总量的55%。其他省市沿岸则很少，仅为143~56万千瓦。广西沿

第六章　海洋能及其发电技术

岸最少，仅8.1万千瓦。

4.海水温差能

海水温差能是指表层海水和深层海水之间水温差的热能，是海洋能的一种重要形式。海洋的表面把太阳辐射能的大部分转换为热能并贮存在海洋的上层。另外，接近冰点的海水大面积地在不到1 000 m的深度从极地缓慢地流向赤道。这样就在许多热带或亚热带海域终年形成20℃以上的垂直海水温差，其能量与温差的大小和水量成正比。

海水温差能的主要利用方式为发电。首次提出利用海水温差发电设想的是法国物理学家阿松瓦尔，阿松瓦尔的学生克劳德对海水温差发电试验成功，在古巴海滨建造了世界上第一座海水温差发电站，获得了10 kW的功率。

除了发电之外，海洋温差能利用装置还可以同时获得淡水、深层海水，并可以与深海采矿系统相结合。因此，基于温差能的系统可以作为海上发电厂、海水淡化厂、海洋采矿、海上城市或海洋牧场的支持系统。总之，温差能的开发应以综合利用为主。

海水温差能利用的最大困难是温差太小、能量密度低，其效率仅有3%左右，而且换热面积大、建设费用高，目前各国仍在积极探索中。

我国海水温差能资源蕴藏量大，在各类海洋能资源中居首位。这些资源主要分布在南海和台湾以东海域，尤其是南海中部的西沙群岛海域和台湾以东海区，具有日照强烈、温差大且稳定、全年可开发利用、冷水层与岸距离小及近岸海底地形陡峻等优点，开发利用条件良好，可作为我国温差能资源开发的先期开发区。例如，台湾岛以东海域表层水温全年在24～28℃，500～800 m以下的深层水温在5℃以下，全年水温差为20～24℃，据电力专家估计，该区域温差能资源蕴藏量约为2.16×10^{14} kW·h。

5.海水盐差能

海水盐差能是指海水和淡水之间或两种含盐浓度不同的海水之间的化学电位差能。海水盐差能主要存在于河海交接处。同时，淡水丰富地区的盐湖和地下盐矿也可以利用盐差能。盐差能是海洋能中能量密度最大的一种可再生能源。通常，海水（35‰盐度）和河水之间的化学电位差有相当于240 m水头差的能量密度。这种化学电位差可以利用半渗透膜（水能通过，盐不能通过）在盐水和淡水交接处实现。利用这一化学电位差就可以直接由水轮发电机发电。

海水盐差能的利用主要是发电。其基本方式是将不同盐浓度的海水之间的化学电位差能转换成水的势能，再利用水轮机发电。具体方式主要有渗透压式、蒸汽压式和机械-化学式等，其中渗透压式方案最受重视。

渗透压式盐差能转换是将一层半透膜放在不同盐度的两种海水之间，通过这个膜会产生一个压力梯度，迫使水从盐度低的一侧通过半透膜向盐度高的一侧渗透，从而稀释高盐度的水，直到半透膜两侧水的盐度相等为止。此压力称为渗透压，它与海水的盐浓度及温度有关。目前提出的渗透压式盐差能转换方法主要有水压塔渗压系统和强力渗压系统两种。

我国海域辽阔，海岸线漫长，入海的江河众多，入海的径流量巨大，在沿岸各江河入海口附近蕴藏着丰富的盐差能资源。据统计，我国全部江河年平均入海径流量为 $(1.7 \sim 1.8) \times 10^{12} m^3$。各主要江河的年入海径流量为 $(1.5 \sim 1.6) \times 10^{12} m^3$。据计算，我国沿岸盐差能资源蕴藏量约为 $3.9 \times 10^{15} kW \cdot h$，理论功率约为 $1.25 \times 10^8 kW$。

（三）我国海洋能资源的储量与分布

在我国大陆沿岸和海岛附近蕴藏着较丰富的海洋能资源，至今尚未得到应有的开发。据调查统计，我国沿岸和海岛附近的可开发潮汐能资源理论装机容量可达2 179万千瓦，理论年发电量约为624亿千瓦·时，波浪能理论平均功率约1 285万千瓦，潮流能理论平均功率1 394万千瓦，这些资源的90%以上分布在常规能源严重缺乏的华东沪、浙、闽沿岸。特别是浙、闽沿岸在距电力负荷中心较近就有不少具有较好的自然环境条件和较大开发价值的大中型潮汐能发电站站址，其中不少已经做过大量的前期工作，已具备近期开发的条件。

二、海水温差发电概述

海洋表层（0~50 m）水的温度为24~28℃，而500~1 000 m深处的海水温度为4~7℃。利用表层和深层海水20℃左右的温差能进行发电就叫作海水温差发电。

用水泵将氨或氟利昂等低沸点工作介质打入蒸发器内，利用表层的温海水将蒸发器中的工质加热蒸发，被蒸发的工质蒸汽进入汽轮机，驱动汽轮发电机发电，利用深层的冷海水将从汽轮机排出的工质蒸汽冷凝成液体，再用泵打入蒸发器再蒸发，如此反复循环，实现发电。工质是在闭合的系统中循环的，所以称作闭式循环。

这种发电方式的原理很简单，与火电或核电的循环大体相同，只是不需要任何燃料，是一种无任何公害的可再生的能源发电。可以在海边建厂，也可以建在驳船上或悬浮在海中。

三、海水温差发电原理

（一）备有采铀设施的温差发电装置

现在温差发电成本比以石油做能源的发电方式高10～20倍，尚未达到实用的程度。本方案是将海水中的能源转换成电能的同时，从转换时所使用的海水中有效地提取铀，借以降低温差发电成本。

温差发电装置将氨液等低沸点工质用海面高温水加热，汽化产生高压蒸汽，驱动汽轮发电机发电，然后利用深层低温海水将蒸汽冷凝，转换后的低压工质，再利用压缩机使其变成高压，再度送入蒸发器。

采铀装置由凝汽器侧的采铀装置和蒸发器侧的采油装置两部分组成。两种采铀装置构造相同，在水箱内部插入隔板，将水箱分隔成只有底部连通的两个小室，在各小室中放入铀吸着剂（如方铅矿等）。凝汽器侧采铀装置利用冷却用海水，此海水依次通过隔板形成的两个小室，最后返回到海面附近，在通过各小室的过程中，海水中所含的铀被方铅矿所吸收。蒸发器侧的采铀装置也同样从蒸发器使用的海水中采铀。

（二）过热蒸汽发电装置

通过气液分离器将饱和蒸汽加热获取热焓较大的过热蒸汽。以往利用海水温差发电方式都是利用蒸发器发生的工作流体蒸汽直接导入汽轮机发电，因此上层海水温度一发生变化就会导致发电量的变化。又由于蒸汽温度为饱和温度，在汽轮机内绝热膨胀时会产生液滴，对叶片工作不利。

利用气液分离器将饱和蒸汽分离，使其变为干燥的饱和蒸汽，再通过过热器加热蒸汽，即能获得热焓值较高的过热蒸汽，增大热降，以提高热循环的效率。

将高温的表层海水导入沸水器，将低温深层海水导入凝汽器，使氟利昂等工作流体汽化或液化，在工作流体循环中配置汽轮机，在沸水器和汽轮机之间配置气液分离器。

通过这一系统，蒸发器中所发生的饱和蒸汽由气液分离器分离干燥，变成水和饱和蒸汽，蒸汽再经过热器加热即成为热焓值较大的过热蒸汽，由于创造的热焓较大，实际上提高了热力循环的效率，同时由于在过热区发生了绝热膨胀，因此在汽轮机内不会产生液滴，不致损伤叶片。

从凝汽器排出的深层海水通过海水淡化装置后，经加热器，再通过海水淡化装置使部分海水淡化，进而将高纯淡水通过贮水箱导入过热器。

（三）备有开口露出水面可伸缩的排水管道的海水温差发电驳船

设计的供海水温差发电用的取、排水机构在适当的深度抽取低温热源用的海水，并在不影响取水位置的适当深度排水。

装载发电设备的驳船本体一侧舷板上装有棒型天线状可伸缩的取水管。在另一侧舷板上装有可伸缩的排水管，取水管的上部开口露出水面，在开口处伸出一抽水管用来抽取海水，此海水供发电设备冷却使用，使用后的热水从排放管打入排水管内。

海水温度随季节和海流的变化而有所变化，例如，夏季深层水就比表层水温度低，冬季则相反，因此夏季可将取水管伸向深层，抽取较冷的深层水，作为发电设备的低温热源用水，使用后的水通过缩短排水管排放到表层。冬季则与上述取、排水方式相反。

（四）利用温差发电机排水养殖鱼贝类

将含有植物微生物的温海水和富有营养盐分的冷海水混合在一起，利用丰富的太阳能的光合作用增殖大量的微生物来养殖鱼贝类。

将接近海面的温海水用泵吸进，供给太阳能吸热装置进一步加热后送入加热器加热工质，加热后的温海水排至入口狭窄的海湾式人工蓄水池中。

另外，将冷却汽轮机排气后凝聚的水也排至上述区域，并用漂浮喷水式电动搅拌器混合，使含有丰富营养盐分的深层海水与含有植物微生物的海面附近的温海水被迅速混合，再经炽热的太阳光照射促进光合作用，从而促进微生物的增殖，便可在微生物丰富的蓄水池内进行鱼贝类养殖。

（五）利用海水发泡热焓发电的装置

以往的温差发电都需要大型低压汽轮机，利用周围温度造成海水发泡的物理性能、热力学性能和机械性能实现发电，经济性很差。

海水发泡热焓发电的装置的穹形汽室具有0.58 m的壁厚和183 m的半径，由包藏蒸汽的浮置结构支持，保持着足够的浮力。

表面温水通过取水口进入穹形汽室内的发泡器材的上部，通过管子导入凝汽器，在密闭汽室内存在高温水和低温水，给汽室内带来压力梯度，将温水压力值降低到饱和蒸汽压力以下。结果温水蒸发，蒸汽通过气泡发生器材经若干小孔导入温水内，发生气泡。

在穹形汽室内，由于压力梯度气泡上升，与气泡分离装置接触。气泡分离装置由涡轮风扇构成，以离心方式分离蒸汽和液体。经气泡分离装置分离的液体在下降导管中下降的同时驱动汽轮机，然后排入海内，经分离的蒸汽被送至凝汽器由深层冷海水冷凝。

汽轮机的旋转能通过发电机转换成电能。热焓势能若以运动能的形态加以利用，则上升的气泡可不进行分离，直接导入汽轮机，然后气相被凝缩成液相排出。

四、海水温差发电建设与运行成本分析

辽阔的海洋是一个巨大的"储热库"，它能大量地吸收辐射的太阳能，所得到的能量达60万亿千瓦左右。海水的温度随着海洋深度的增加而降低。这是因为太阳辐射无法透射到400 m以下的海水，海洋表层的海水与500 m深处的海水温度差可达20℃以上。海洋中上下层水温度的差异蕴藏着一定的能量，叫作海水温差能，或称海洋热能。利用海水温差能可以发电，这种发电方式叫作海水温差发电。

新型的海水温差发电装置是把海水引入太阳能加温池，把海水加热到45～60℃，有时可高达90℃，然后再把温水引进保持真空的汽锅蒸发进行发电。

用海水温差发电还可以得到副产品——淡水，所以说它还具有海水淡化功能。一座10万千瓦的海水温差发电站每天可产生378 m^3的淡水，可以用来解决工业用水和饮用水的需要。另外，由于电站抽取的深层冷海水中含有丰富的营养

盐类，因而发电站周围就会成为浮游生物和鱼类群集的场所，可以增加近海捕鱼量。

据海洋学家估计，全世界海洋中的温度差所能产生的能量达20亿千瓦。

海水温差发电技术取代火力发电、风电与光伏的太阳能技术，风电与光伏的太阳能提供间歇性电能，对电网稳定运行冲击很大，接入电网还需要传统能源给它调峰。海水温差发电设备制造中采取全新技术，解决了海水抽取中腐蚀性及高能耗难题、换热器体积庞大的问题，取消了工质回流泵，减少了设备自身能耗，增加了能量输出，并在汽轮机上采取了全新技术，使机构效率更高，体积更小，制造成本及制造的技术难度降到最低。

投资电站成本：不超过1万元千瓦，25MW投资成本25 000万元。

收益计算：年发电时间按300d计算，发电量：$25\ 000kW \times 24h \times 300d = 1.8 \times 10^8 (kW \cdot h)/a$。按风电入网价格0.51元/（千瓦·时）计算（海水温差发电实际是属于太阳能电源），电能销售收入：$1.8 \times 10^8 kW \cdot h \times 0.51$元/（千瓦·时）=9180万元/天。生产的淡水：1kW功率的发电能力，一天可以同时生产587L淡水，年产淡水$25000kW \times 300d \times 0.578t = 433.5$万吨/天。按1元/吨入网计算，水销售收入：约433万元；合计收入：9 613万元/天，

支出（按火电管理方式）：设备维护费30万元；大修费300万元/天，人工费800万元/100人；燃料费0元；管理费100万元；折旧费2 500万元（按10年计算，设计寿命30年，折旧费相当于还本金额）；资金利息3 000万元（按年利率12%全额计算投资金额）；税收支出、太阳能项目、税收基本为零；不可预见费用100万元。合计支出6 830万元。

投资分10年回收本金，本金回收期内，第一年年利润为2 783万元，投产第一年年收益11.12%。30年总收益为：$2\ 783 \times 30 + 2\ 500 \times 20 + 3\ 000 \times 25 = 208\ 490$（万元）（不计收益利息）。

以上计算，支出按最大费用计算（是以火电的管理方式核算费用），收入按风电入网计算，没有把国家对新能源投资补贴计算进去，这样就不管政策如何变动，收益计算值都不会受到影响。

海水温差发电是属于太阳能项目，但该技术也可以用于其他有温差的区域，如：

（1）热电厂（利用废热发电）。

（2）有地热的寒冷地区（利用地热与环境温差发电）。

（3）海洋石油钻井平台，热带海域利用海洋表面热海水与海底冷海水的温差发电或天然气废气燃烧加热发电。

（4）有小型连续加热单位，如化工厂、炼钢厂等。

第二节　波力发电

一、波浪和波浪能

（一）波浪的概念

海水时时刻刻在运动变化着。海水的波动现象称为海浪，也叫波浪。波动是海水重要的运动形式之一。从海面到海洋内部，处处都存在着波动。

确切地说，波浪是在风等外力的作用下引起的海水沿水平方向的周期性运动，表现出来的就是滚滚的波涛。

波浪的能量来自风和海面的相互作用，是风的一部分能量传给了海水，变成波浪的动能和势能。风传递给海水的能量取决于风的速度、风与海水作用的时间及风与海水作用的路程长度，表现为不同速度、不同"大小"的波浪。

大洋中如果海面宽广、风速大、风向稳定、吹刮时间长，则海浪很强，如南北半球西风带的洋面上，经常是浪涛滚滚。赤道无风带和南北半球副热带无风带海域虽然水面开阔，但因风力微弱，风向不定，海浪一般都很小。

波浪可以用波高、波长（相邻的两个波峰间的距离）和波周期（相邻的两个波峰间的时间）等特征来描述。

海浪波动周期从零点几秒到数小时以上，波高从几毫米到几十米，波长从几毫米到数千千米。

波浪的速度取决于它们的波长，波长越长，波浪运动越快。飓风时看到，风暴引起的长波长的波浪传播得比风暴更快，因此风暴前首先到来的是巨大的浪涌。

（二）波浪的类型

广义的波浪包括表面波、重力波、海啸等。

表面波，也叫涟漪，波长（两个相邻波峰的距离）只有几厘米，波动的周期为1～2 s，甚至更短。由于表面波的幅度很小，吹皱的水面通常可以在表面张力的作用下恢复平静。

重力波的周期为几秒至十几秒，波长为几米至几百米，波高也可能高达十几米。这类波浪主要以重力为恢复力，重力波也因此而得名。

海啸是由海底地震所引起的波浪，幅度更大，而且在海洋中传播的速度极快，可以超过200 m/s（时速超过700 km，接近飞机的速度）。

此外，还有惯性重力波和行星波等概念。例如，天体引力、海底地震、火山爆发、塌陷、滑坡、大气压力变化和海水密度分布不均等外力和内力作用下，形成的海啸、风暴潮和海洋内波等。

通常，人们看到并且能够利用的海浪多为重力波。如果没有特殊说明，本章后面所说的海浪（海洋中的波浪），都是指重力波。

按波浪的发生、发展过程，海浪可以分为风浪、涌浪、近岸浪三种类型。

1.风浪

风浪，指的是在风的直接吹拂作用下产生的水面波动。风对海水的压力以及与海面的摩擦力，是风浪产生的原动力，所以风浪的能量直接来源于风能。

由于海浪会向远处传播，往往由风引起的波浪在靠近其形成的区域才被称为风浪。

起风时，平静的水面在摩擦力作用下便会出现水波。风速逐渐增大，波峰随之加大，相邻两波峰之间的距离也逐渐增大，当风速继续增大到一定程度时，波峰会发生破碎，这时就形成了波浪。波浪的行进方向与风向相同。

风浪的尺寸主要取决于三个因素：风的速度、风作用于海水的持续时间、风作用于海水的路程长度。

一般而言，状态相同的风作用于海面时间越长，海域范围越大，风浪就越强；当风浪达到充分成长状态时，便不再继续增大。

2.涌浪

风浪可以从它形成的区域传播开去，出现在距离很远的海面，而损失的能量很少。风浪离开风吹的区域后所形成的波浪称为涌浪。

涌浪，指的是风停后或风速、风向突变区域内存在下来的波浪和传出风区的波浪。这就是"无风三尺浪"的景象。

3.近岸浪

风浪和涌浪传到海岸的浅水海区，因受到水深变化的影响，出现折射、波面破碎和卷倒，变成近岸浪。

风浪、涌浪和近岸波的波高从几厘米到20多米，最高可达30 m以上。

由风引起的海浪，周期为$0.5\sim 25s$，波长为几十厘米到几百米，一般波高为几厘米到20m，在某些情况下，波高甚至可达30 m以上，不过这样的巨浪比较罕见。

根据波高大小，通常将风浪分为10个等级，将涌浪分为5个等级。0级无浪无涌，海面水平如镜；5级大浪、6级巨浪，对应4级大涌，波高$2\sim 6$ m；7级狂浪、8级狂涛、9级怒涛，对应5级巨涌，波高$6.1\sim 10$m。

（三）波浪的能量

1.波浪的威力

海浪的破坏力大得惊人，扑岸巨浪曾将几十吨的巨石抛到20m高处，曾把万吨轮船举上海岸，也曾把护岸的两三千吨重的钢筋混凝土构件翻转。许多海港工程，如防浪堤、码头、港池，都是按防浪标准设计的。一个波高5 m、波长100 m的海浪，在一米长的波峰片上就具有3 120kW的能量，由此可以想象整个海洋的波浪所具有的能量该是多么惊人。

在海洋上，波浪中再大的巨轮也只能像一个小木片那样上下飘荡。大浪可以倾覆巨轮，也可以把巨轮折断或扭曲。假如波浪的波长正好等于船的长度，当波峰在船中间时，船首船尾正好是波谷，此时船就会发生"中拱"。当波峰在船头、船尾时，中间是波谷，此时船就会发生"中垂"。一拱一垂就像折铁条那样，几下便把巨轮拦腰折断。

波浪比风的能量更集中。虽然风可以达到很高的速度，但海浪比风更有力量，因为水的密度是空气的832倍。与风能相比，海浪和潮汐还有其他方面的优势。风是变幻无常的，忽大忽小，时有时无，而海浪可以保持起伏，并且可以在3天前就能做出预报。潮汐非常规律，甚至10年内的情况都可以预知。

2.波浪能及其影响因素

波浪能是指海洋表面的波浪所具有的动能和势能。波浪的前进产生动能，波浪的起伏产生势能。

波浪能是由风把能量传递给海洋而产生的，它实质上是吸收了风能而形成的。能量传递速率和风速有关，也和风与水相互作用的距离有关。

波浪的能量在数值上与波高的平方、波浪的运动周期以及迎波面的宽度成正比，实际上，波浪功率的大小还与风速、风向、连续吹风的时间、流速等诸多因素有关。

因此，波浪能是各种海洋能源中能量最不稳定的一种。

波浪能丰富的欧洲北海地区，其年平均波浪功率为20～40kW/m。中国海岸大部分的年平均波浪功率密度为2～7kW/m。台风导致的巨浪，其功率密度可达每平方米迎波面几千瓦。

太阳能的能量密度大约为$1kW/m^2$，最终转化为波浪能的量级为每米波峰宽度10～100kW。

二、波浪能发电的原理

（一）波浪能发电的基本思路

理论上，用波浪能发电，也可以不经过任何机械转换，而直接利用压电晶体材料的压电特性（某些晶体材料受到压力以后可以产生电压）或海水离子穿过磁场的运动，将海浪的动能转换为电能输出。从原理上看似乎简单方便，但由于技术上的种种原因，目前距离实用化应用还很遥远。

波浪能发电系统首先用波浪能转换装置把波浪能转换成有实用价值的机械能，再把机械能转换为电能。

例如，波浪上下起伏或左右摇摆，能够直接或间接带动水轮机或空气涡轮机转动，驱动发电机产生电力。

基于上述原理的波浪能发电装置千变万化，但通常可以分为三部分：第一部分为波浪能采集系统，作用是捕获波浪的能量；第二部分为机械能转换系统，作用是把捕获的波浪能转换为某种特定形式的机械能（一般是将其转换成某种介质，如空气或水的压力能，或者水的重力势能）；第三部分为发电系统，用涡轮机（也叫透平，可以是空气涡轮机或水轮机）等设备将机械能传递给旋转发电机转换为电能。目前，国际上应用的各种波浪能发电装置都要经过多级转换。

为了从海洋中捕获波浪的能量，必须用一种合适的结构和方式拦截波浪并与波浪相互作用。波浪能发电装置中的波浪能采集和机械能转换部分（后文统称为波浪能转换装置），大都源于这样几种基本思路。

（1）利用物体在波浪作用下的振荡和摇摆运动。

（2）利用波浪压力的变化。

（3）通过波浪的汇聚爬升将波浪能转换成水的势能等。

提高波浪能俘获量的技术有通过波浪绕射或折射的聚波技术，以及通过系统与波浪共振的惯性聚波技术。

机械能转换系统有空气涡流机、低水头水轮机、液压系统、机械机构等。

发电系统主要是发电机及传递电能的输配电设备。海浪能装置产生了电能之后，往往还需要复杂的海底电缆和电能调节控制装置才能最终输送到用户或电网。

几十年来，全世界出现了1 000多种波浪能利用装置的设计方案。某些类型的装置经过了多年的实验室研究和实海况试验以及较大容量的应用示范研究，波浪发电技术已逐步接近实用化水平。

（二）波浪能转换的三种模式

在海浪能的多级转换装置中，为了将低频率的波浪起伏和摇摆运动转换为高频率的发电机转子旋转，往往需要利用各种类型的机械结构，如杠杆机构、增速机构、液压和气动机构等。各种结构都需要一个主梁或主轴，即一种居中的、稳定的结构，系锚或固定在海床或海滩。若干运动部件，包括挡板、浮子、空气室或收缩坡道系于其上，并在波浪的作用下与主梁做相对运动。有时可以利用惯性或结构很大的主体，横跨若干个波峰，使整个波浪能装置在大多数波浪状态下保持相对稳定。

根据主梁与波浪运动方向的几何关系，波浪能转换装置可分为三种不同的模式。

1.终结型模式

波浪能转换装置的主梁平行于入射波的波前,可以大面积地直接拦截波浪,从而在理论上最大限度地吸收波浪的能量。由于波浪能的吸收是依靠终结波浪的传播来实现的,这种模式被称为"终结型"。英国的点头鸭式装置就属于终结型模式。

如果装置的横向宽度能够大到和波浪的波前宽度相等,波浪能的最大的收集率甚至可以接近于100%。不过,在设计时需要注意,遇到大风大浪时,工作中的"终结型"装置会承受很大的外力,容易遭到破坏。

2.减缓型模式

波浪能转换装置的主梁垂直于入射波的波前,即装置的主梁方向与波浪的传播方向一致,可以避免承受狂风巨浪的全部冲击。由于这种模式的装置只能在一定程度上减缓波浪的传播,因此被称为"减缓型"模式。

这种模式对波浪的拦截宽度较小,只有主梁前端的波能和从波前折射到主梁侧面的波能可以被吸收。不过,可以在主梁的两侧都安置波浪能转换装置,以提高能量输出。"减缓型"装置的能量收集率只有相同长度"终结型"装置的62%。

3.点吸收模式

如果不用漂浮于海面的主梁,而是采用主轴垂直于海面的方式放置,则只能吸收该装置上方那一点海面波浪变化的能量,这种模式被称为"点吸收"。

"点吸收"装置的优点是,能够吸收超过其物理尺寸的波浪的能量(理论上可以是两倍宽度的波浪的能量),而且可以同等地吸收来自各个方向的波浪能,但由于尺寸有限,不能高效地捕获长波浪的能量。

"点吸收"装置的主体多为垂直海面放置在水中的圆柱体,可以随着波浪发生垂直震荡。漂浮式振荡水柱型装置就是一种点吸收型装置。

三、波力发电方式及发展

波力发电方式有三类:空气压力、油压和水位落差。空气压力式是通过波浪上下运动使气缸内的空气流产生往复运动,驱动空气涡轮机发电;油压式是使铰接机构相对运动驱动油压泵;水位落差式是通过波浪运动使水库两处的逆止阀交替动作,借以使水库中的水获得落差驱动水轮机发电。

第六章　海洋能及其发电技术

日本为波力发电实用化的先驱。日本最早就已研制输出功率为10W级的浮标灯，现在已有600多台这种浮标灯在运行中。日本海洋科技中心以同样的原理研制出最大输出功率达2 000kW的"海明"号船型波力发电装置，并已成为日、英及其他三国的国际科技合作项目，在日本山形县鹤岗市海面水深40 m的地方进行了发电试验，取得了良好成绩。在长80m、宽12m、高5m的船体上设置了22个面向波浪的开放的空气室，由于波浪的压力压缩空气室的空气，通过阀门将压缩空气送至冲动式涡轮机旋转发电。他们还成功地通过海底电缆与陆地电网并网。具有50 m^2的空气室的发电装置，其发电容量约为125kW。船首和船尾的装置效果最佳，船中央的效率只有一半。通过安装浮力室将功率提高1.5倍，进一步使"海明"号波力发电达到实用化，使发电成本达到50日元/（千瓦·时）。

此外，日本、挪威、英国等国还在海岸筑设固定式波力发电试验装置。试验装置采用无阀式涡轮机。上下对称的翼型排列在圆周上，气流无论来自何方均能使叶轮朝着一个方向产生旋转力，因此无须装设整流阀，简化了设备，易于维护，颇有发展前途。装置额定功率为40kW，年平均发电10～16kW。

今后有待改善的课题是采纳英国的研究成果，提高空气室的效率，采用鲸式涡轮和飞轮等，以缓和输出功率的变动。

英国在波力发电方面的投资超过日本，共开发了8种发电方式，最突出的2种方式是木筏式波力发电装置和鸭式发电装置。用铰链连接的木筏式波力发电装置是依靠波浪的相对运动转换成电能；鸭式发电装置是在圆筒形轴上装数个偏心轮，由波浪造成偏心轮的端部运动，转换成油压，利用旋转机构转换成电能。这两种方式目前仍处于大型模型试验阶段。

美国把重点放在海水温差发电方面，波力发电比日本和英国进展迟缓。海洋的波浪具有与波浪周期成比例的相位速度，但浅海的相位速度与深度的平方根成正比。波浪行进途中形成人造海底，发生前沿变得曲折，向中央集中，海水流入圆筒内。按图上的尺寸规模，一台的功率可达1～2MW。

大致来说，适合波力发电的海域为南北纬30°以上的海域，正好与海水温差发电呈互补关系。日本北半部分海域良好，变动幅度虽大，但平均只有10～20 kW的波力能。假定利用海岸线1%的波力能，则推算出年平均发电可达2×10^6 kW。

由于变动幅度较大，要想推算电费是困难的，但是通过技术的开发，适当地达到经济性是办得到的。

第三节 潮汐发电

一、潮汐能概述

(一) 潮汐现象与潮汐能

1.潮汐现象

凡是到过海边的人们都会看到海水有一种周期性的涨落现象:到了一定时间,海水推波助澜,迅猛上涨,达到高潮;过后一些时间,上涨的海水又自行退去,留下一片沙滩,出现低潮。如此循环重复,永不停息。潮汐现象就是指海水在天体(主要是月亮和太阳)引力作用下所产生的周期性运动,习惯上把海面垂直方向的涨落称为潮汐,而海水在水平方向的流动称为潮流。古代称白天的河海涌水为"潮",晚上的称为"汐",合称为"潮汐"。

2.潮汐能的概念

发生潮汐时,海面的高度不断地发生变化,即海水垂直方向上的升降运动,时高时低的海面使海水具有位能。海水向水平方向的运动,流动的海水又产生动能。因海水涨落及潮水流动所产生的动能和势能称为潮汐能。

有时将潮水流动所具有的动能称为潮流能,而潮汐能特指海水涨落的势能。

作为以势能形态出现的海洋能,潮汐能的能量与潮量和潮差有关,具体来说,与潮差的平方和水库的面积成正比。

潮汐能的主要应用是潮汐发电。和内陆河川的水力发电相比,潮汐能的能量密度很低,相当于微水头的水力发电的水平。

实践证明,平均潮位差在3 m以上,潮汐发电才能获得比较高的直接经济效益,如果潮差太小,可能难以实用化。

（二）潮汐的类型

潮汐现象非常复杂，仅以海水涨落的高低来说，各地就很不一样。有的地方潮水几乎察觉不出，有的地方却高达几米。在我国台湾地区的基隆，涨潮时和落潮时的海面只差0.5 m，而杭州湾的潮差竟达8.93 m。潮汐现象尽管很复杂，但大致说来不外乎以下三种基本类型。

（1）半日潮型。一个太阴日内出现两次高潮和两次低潮，前一次高潮和低潮的潮差与后一次高潮和低潮的潮差大致相同，涨潮过程和落潮过程的时间也几乎相等（6h12.5min）。我国渤海、东海及黄海的多数地点为半日潮型，如大沽、青岛及厦门等。

（2）全日潮型。一个太阴日内只有一次高潮和一次低潮。如南海汕头、渤海秦皇岛等。南海的北部湾是世界上典型的全日潮海区。

（3）混合潮型。一月内有些日子出现两次高潮和两次低潮，但两次高潮和低潮的潮差相差较大，涨潮过程和落潮过程的时间也不等；而另一些日子则出现一次高潮和一次低潮。我国南海多数地点属于混合潮型。如榆林港，15天出现全日潮，其余日子为不规则的半日潮，潮差较大。

（三）潮汐的成因

潮汐虽有规律，但很复杂，随时间、地域的不同而不同。长期以来，有关潮汐的成因尚无十分精确的解释。多数学者认为，潮汐是月亮、太阳和其他星体对地球的引力（主要指对海水的引力）以及地球的自转所形成的，由于这些力的作用导致海水的相对运动。牛顿万有引力定律表明：任何两个物体之间都存在着相互吸引的力，吸引力的大小和这两个物体质量的乘积成正比，而与两物体之间的距离的二次方成反比。把万有引力定律作用到地球和其他天体之间存在的引力关系上时，可以把地球本身的质量看作不变。因此，吸引力与天体的质量成正比，与地球到天体的距离的二次方成反比。众所周知，地球围绕太阳转，月球围绕地球转。太阳的质量虽然比月球质量大得多，但是月球与地球的距离却比太阳与地球的距离小得多，用牛顿万有引力定律公式计算得到的结果可以证明，月球对地球的引力远大于太阳对地球的引力，而其他天体对地球的引力则是很微弱的。所以说，月球的引力是形成潮汐的主要成因，潮汐现象主要是随月球的运动而变化的。

二、潮汐能资源及其发电技术

(一) 潮汐能资源分布

1.全球潮汐能及其分布

据初步统计，全世界海洋一次涨落循环的能量为8×10^{12}kW。地球上因潮汐涨落而没有被利用的能量比目前世界上所有的水力发电量还要多100倍。

根据联合国教科文组织出版物的估计数字，全世界潮汐能的理论蕴藏量约为30亿千瓦（3×10^9kW），是目前全球发电能力的1.6倍。实际上，上述能量是不可能全部取出利用的，假设只有较强的潮汐才能被利用，估计技术上允许利用的潮汐能约1亿千瓦。有专家估计，其中可以开发的电量为2200亿千瓦·时。

世界海洋潮汐能蕴藏量约为27亿千瓦（2.7×10^9kW），若全部转换成电能，每年发电量大约为1.2万亿千瓦·时（1.2×1012kW·h）。

就全球海洋能理论数值766亿千瓦来说，其中潮汐约为30亿千瓦，虽然所占比例不高，但它却是各种海洋能中最为现实的资源，也是目前实际开发最多的海洋能。

各海域潮汐能的大小直接与潮差有关，潮差越大，能量也就越大。

深海大洋中的潮差一般较小，因此，深海虽然数量巨大，但是蕴藏的潮汐能却不多。测量得知，世界上所有深海，如太平洋、大西洋、印度洋等，潮汐能量并不大，总共只有100万千瓦，平均3W/km^2。

而浅海及狭窄的海湾却包含有巨大的潮汐能。全世界可开发利用的潮汐能，绝大部分蕴藏在潮差较大的窄浅的海峡、海湾和一些河口区。例如，英吉利海峡有8 000万千瓦，马六甲海峡有5 500万千瓦，黄海有5 500万千瓦，芬地湾有2 000万千瓦等。因此，一般潮汐电站都选择海湾潮差大而且有良好地形的港湾、河口，例如法国圣马诺湾、俄罗斯的白令海和鄂霍次克海、我国的钱塘江口，以及印度、澳大利亚、阿根廷海岸等。

2.我国的潮汐能概况

我国有大面积的临海国土，岛屿众多，大陆海岸与岛屿海岸的海岸线总长32 000多千米（其中大陆海岸线长达1.8万千米，岛屿海岸线长达1.4万千米），漫长的海岸蕴藏着十分丰富的潮汐能资源。

中国的海岸线漫长曲折，港湾交错，入海河口众多，有些地区潮差很大，具有开发利用潮汐能的良好条件。

国家能源局公布的资料提到，据初步统计，全国潮汐能蕴藏量为29亿千瓦，比10个三峡电站还要多。每年发电量可达2 750亿千瓦·时，可供1亿个城市家庭用电。

（二）潮汐能发电原理

1.潮汐发电的方式

广义的潮汐发电，按能量利用的形式分为两种：一种是利用潮汐时流动的海水所具有的动能驱动水轮机带动发电机发电，称为潮流发电；另一种是在河口、海湾处修筑堤坝形成水库，利用水库与海水之间的水位差所蓄积的势能来发电，称为潮位发电。

利用潮汐动能发电的方式，又有两种具体的实现方式：一是将特殊设计的涡轮机置于接近浅海海底或深海的海水中，用水流直接吹动涡轮机，有点类似风力发电，是一种海流发电；二是在港湾、河口或开挖的水道中水流较大的位置（一般要求流速大于1m/s）设置水闸，在水闸闸孔中安装水轮机来发电。

形成水库，利用潮汐势能发电的方法，需要建筑较多的水工建筑，因而造价较高，但发电量较大。这种方式是潮汐发电的主流。通常所说的潮汐发电，指的就是这种方式。

在水道闸口放置水轮机，利用潮流动能发电的方法，可充分利用原有建筑，因而结构简单，造价较低，如果安装双向发电机，则涨、落潮时都能发电。但是由于潮流流速周期性地变化，因而发电时间不稳定，发电量也较小，故目前一般较少采用这种方式。但在潮流较强的地区或某些特殊的地区，也可以考虑采用这种方式。

本章前后章节所说的潮汐发电，指的都是狭义的潮汐发电，就是利用海湾、河口等有利地形，修筑堤坝，形成与海隔开的水库，并在坝中或坝旁建造水力发电厂，通过闸门的控制在涨潮时大量蓄积海水，在落潮时泄放海水，利用潮水涨落时水库内的水位与海水之间的水位差，引水经过发电厂房，推动水轮机，再由水轮机带动发电机来发电。实际上，往往也同时利用了潮水进退所具有的动能。

除了水库蓄水方式之外，潮汐发电的原理与一般的水力发电差别不大。从能量转换的角度来看，也是先把海水涨、落潮时因水位有差别而形成的势能变为机械能，再把机械能转变为电能的过程。不过，一般的水力发电只能提供单方向的水流，而潮汐发电有可能提供两个方向的水流。

2.潮汐发电的过程

潮汐发电一般要在海湾或有潮汐的河口修建拦水堤坝，把海湾或河口与大海隔开，形成水库，拦水坝中间安装进水闸门、排水闸门和水轮发电机组（由涡轮机和发电机组成）。

潮汐发电的过程大致如下：涨潮时，潮位高于水库中的水位，此时打开进水闸门，海水经闸门流入水库，冲击涡轮机带动发电机发电；落潮时，当海水的潮位低于水库中的水位，关闭进水闸门，打开排水闸门，水从水库流向大海，又从相反的方向冲击涡轮机，带动发电机发电。

潮汐电站在发电时，由于水库的水位和海洋的水位都是变化的（海洋水位因潮汐的作用而变化，水库的水位也会随着充水或排水过程发生变化），因此潮汐电站是在变工况下工作的，水轮发电机组和电站系统的设计要考虑变工况、低水头、大流量以及防海水腐蚀等因素，远比常规的水电站复杂，效率也低于常规水电站。

（三）潮汐能发电站的形式

利用潮汐能发电就是在海湾或有潮汐的河口建一拦水堤坝，将海湾或河口与海洋隔开构成水库，再在坝内或坝房安装水轮发电机组，然后利用潮汐涨落时海水位的升降，使海水冲击水轮机使其转动，从而使水轮发电机组发电。

潮汐能发电站按照运行方式和对设备要求的不同，可以分成单库单向型、单库双向型和双库单向型三种。

1.单库单向型

这种潮汐能发电站一般只有一个水库，水轮机采用单向式。由于落潮时水库存量和水位差较大，通常都选择落潮时发电。

在整个潮汐周期内，发电站的运行按下列4个工况进行。

（1）充水工况

发电站停止发电，开启闸门，潮水经闸门和水轮机进入水库，至水库内水位齐平为止。

（2）等候工况1

关闭闸门，水轮机停止过水，保持水库水位不变，外海侧则因落潮水位下降，直到水库内外水位差达到水轮机组的起动水头。

（3）发电工况

开动水轮发电机组进行发电，水库的水位逐渐下降，直到水库内外水位差小于机组发电所需的最小水头为止。

（4）等候工况2

机组停止运行，水轮机停止过水，保持水库水位不变，外海侧水位因涨潮而逐渐上升，直到水库内外水位齐平，转入下一个周期。

单库单向型潮汐能发电只需建造一道坝堤，并且水轮发电机组仅需满足单方向通水发电的要求即可，因而发电设备的结构和建筑物都比较简单，投资较少。但是，因为这样发电站只能在落潮时单方向发电，所以每日发电时间较短，发电量较少，潮汐能得不到充分的利用，一般发电站效率（潮汐能利用率）仅为22%。

2.单库双向型

单库双向型潮汐能发电站与单库单向型潮汐能发电站一样，也只有一个水库，但是此种潮汐能发电站采用双向水轮机，涨潮和落潮都可进行发电，但一般以落潮发电为主，只是在水坝两侧水位齐平时（即平潮水位）暂时停止发电。涨潮时，外海水位要高于水库水位；落潮时，水库水位要高于外海水位，通过控制，在使内外水位差大于水轮发电机所需要的最小水头时就能发电。

由于单库双向型潮汐能发电站在涨潮、落潮过程中均能发电，因此每日发电时间达14~16 h，较充分地利用了潮汐能量，发电站效率可达34%。

3.双库（高、低库）单向型

这种潮汐发电方式需要建造毗邻水库，一个水库设进水闸，仅在潮水位比库内水位高时引水进库；另一个水库设泄水闸，仅在潮水位比库内水位低时泄出水库。这样，前一个水库的水位始终较后一个水库的水位高。故前者称为高位水库，后者则称为低位水库。高位水库与地位水库之间终日保持着水位差，水轮发电机组放置于两水库之间的隔坝内，水流即可终日通过水轮发电机组不间断地发电。

潮汐能发电站的建造有许多设计方案，采用何种形式最佳，要根据当地潮型、潮差、地形条件、电力系统负荷要求、发电设备、建筑材料和施工条件等技术指标进行选择。

（四）潮汐能发电站结构

利用潮汐能发电的电站简称潮汐电站。潮汐能电站是综合的建设工程，主要由拦水堤坝、水闸和发电厂三部分组成。有通航要求的潮汐能电站还应设置船闸。

1.拦水堤坝

拦水堤坝是潮汐电站的建筑主体部分，建于河口或港湾地带，用来将河口或港湾水域与外海隔开，形成一个潮汐水库。拦水堤坝的作用是造成水库内、外的水位差，并控制水库内的水量，为发电提供条件。

坝体的长度和高度要根据当地的地理条件和潮差大小来决定。因为潮差不会很大（很难高于10 m），所以潮汐电站坝体的高度一般比常规的河流水电站的拦河坝低，但通常较长。

堤坝的种类繁多，按所用材料的不同，可分为土坝、石坝和钢筋混凝土坝等。

在建设较大的潮汐电站时，为保证坝的质量，一般不宜采用土坝。而干砌石坝对于石块的大小和形状要求较高，劳动力需求量也较大，并且需要较多有经验的砌石工，不便于机械化施工，因而造价较高，一般也很少采用。

目前，比较适合潮汐电站的型式主要是钢筋混凝土坝和浮运式钢筋混凝土沉箱堵坝。

（1）钢筋混凝土坝

这种坝有的筑成平板式挡水坝，有的筑成重力式挡水坝。平板式挡水坝是把钢筋混凝土的挡水平板支撑于两端的支撑墩上建成的，它要求各支撑墩间没有不均匀沉陷，因而最好建于岩石基础上，在土基上建造时需设置坝的底板，以尽量减少支撑墩间的不均匀沉陷。重力式挡水坝主要依靠坝体本身的重量来维持稳定，如果全用混凝土，则混凝土用量太大，很不经济，因此目前多采用先制成钢筋混凝土箱形结构，然后在箱内填放块石或砂卵石等，以增大其自身质量。

（2）浮运式钢筋混凝土沉箱堵坝

这种坝不需建造围堰，可在坝基上直接浇灌，施工较简便，因而工程量、资金、劳动力均较少，工期也较短。另外，采用围堰施工对防洪、排涝、防潮、航运等会有一定的影响，而采用浮运式沉箱建坝对上述各方面干扰较少，因而在目前这种坝是比较先进的。

近年来，利用橡胶坝的结构形式和采用爆破方法进行基础处理的施工方法日渐增多，取得了较好的效果。

2.水闸

各种闸门、引水渠道的主要作用是控制水位和进出水的流量，为水轮发电机组提供合适的水流。水闸可以加速潮水涨落时水库内外水位差的形成，从而缩短电站的停机时间，增加发电量，还可以在洪涝和大潮期间用来加速库内水量的外排，或阻挡潮水侵入，控制库内最高、最低水位，使水库迅速恢复正常的蓄水状态等。

3.发电厂房

发电厂房是将潮汐能转变为电能的核心部分，主要设备包括以水轮发电机组为主体的发电设备和输配电线路。发电设备是发电站的"心脏"，安装在坝体的水下部分，常常是在现场水下施工。

潮汐电站对水轮发电机组有特殊的要求，例如：

（1）应满足潮汐低水头、大流量的水力特性。

（2）海水中工作机组的防腐、防污、密封和发电机的防潮、绝缘、通风、冷却、维护等。

（3）随潮汐涨落发电，机组启停次数频繁，需要能适应频繁启动和停止的开关设备。

（4）对于双向发电机组，由于可以正、反向旋转，在设计电气主接线时，要考虑安装倒向开关，保证输出的电力相序不变。

发电厂房中另外还有中央控制室、下层的水流通道及阀门、起吊设备等。

（五）潮汐能发电站的特点

潮汐能发电站建造在海边，利用海水的涨潮与落潮来发电，具有一些与内河发电站不同的特点。

（1）潮汐能发电站的水头低、流量大、转速小。在水轮机与发电机之间常采用增速器，以提高发电机的转速。

（2）潮汐能发电站单位功率投资较大。由于机组体积较大，用钢量多，机组费用在整个电站投资中占有较大的比例。应研究改进结构、选取适宜的代用材料，以提高电站建设的经济性。如我国的一些潮汐能发电站采用钢丝网水泥或钢筋混凝土的水轮机流道、轮毂及泄水锥等，减少了钢耗，节省了投资。

（3）发电的周期性和间歇性。潮汐能发电站是利用海水的涨潮与落潮发电，既有周期性又有间歇性，通过水工建筑物的改进和适当的控制（如双库潮汐能发电站），可弥补周期性与间歇性的不足，使其能连续发电。

（4）发电站的防淤问题。涨潮时，通过水轮机和闸门进入水库的海水经常带有大量泥沙，泥沙进入水库后流速迅速减小，使泥沙沉降形成泥沙淤积。应进一步研究水库淤积的基本规律和泥沙运动特性，最大限度地保持有效容积。

（5）防海水腐蚀问题。为了防止海水对发电站设备的腐蚀作用，除关键零部件采用不锈钢制造外，其他部件宜采用特性涂料和阴极保护防腐技术。

（6）结合潮汐能发电站的建设开展综合利用。我国沿海地区人多地少，土地宝贵。可因地制宜，将海涂的深港部分作为发电水库，而较高的海涂用来围垦农田；在水库内开展水产养殖，在水位变幅的范围内可养殖牡蛎及紫菜等；在发电消落水位以下可养殖对虾、鱼等。有时还可根据地理、地形及经济条件等，结合海港建设与海堤设施改善航运和交通，开展旅游业。此外，还可以利用潮汐能发电站的电力从海水提取铀、溴、碘、钾等贵金属元素等。

（六）潮汐发电的不足

作为新兴的电力能源，潮汐发电目前也存在一些不足。

1.发电出力有间歇性

潮汐发电要利用潮水与电站水库之间的水位差推动水轮发电机组发电。利用涨落形成的水头来发电，在一天内的出力变化可能不均匀。当潮水与水库内水位持平或者水位差很小时，就无法发电，因而存在发电的间断。而采用双库或多库开发方式可以有所改进。

一般单向潮汐电站每昼夜发电约10h，其间停电两次。双向潮汐电站每昼夜发电约15h，其间停电四次。潮汐的日变化周期为24h50min，即每天推迟50min，与系统日负荷变化不一致。因此，电力系统使用潮汐电站的出力有不便之处，潮汐电站更适合起供应电量的作用。

2.水头低，发电效率不高

我国沿海平均潮差约2~5m，电站平均使用水头仅约1~3m。潮差小的地区，发电的平均水头甚至不到1m。潮汐发电属于低水头、大流量的开发形式，故发电效率不高。

3.工程复杂，建设投资大

潮汐电站多建于河口、港湾地区，站址水深、面宽、浪大，水工建筑物尺寸宽大，施工条件比较困难，所以土建工程一次性投资较大。而且由于水头低，所需水轮发电机组台数多、直径大、用钢量多、制造工艺比较复杂，故机电投资亦较大。所以一般认为，潮汐电站每千瓦的单位造价较高。

4.关于泥沙淤积问题的疑虑

也曾有人认为，潮汐电站的水库有泥沙淤积问题，可导致电站寿命有限。不过，对于双向发电的潮汐电站，按照正常的运行规律，水库泥沙是出多于进，不致造成淤积，只可能在局部地点因水流流路受阻而出现淤积现象，无伤大局，这些在潮汐电站的模型试验中得到了证实。法国朗斯潮汐电站运行15年后的总结中也并没有提到泥沙淤积问题。

三、潮汐发电关键技术的进展

潮汐发电的关键技术包括潮汐发电机组、水工建筑、电站运行和海洋环境等。中国的潮汐电站技术水平相对较低。法国的朗斯潮汐电站、加拿大安纳波利斯潮汐电站和中国的江厦潮汐电站属技术上较成熟的潮汐电站。

在潮汐电站中，水轮发电机组约占电站总造价的50%，且机组的制造与安装又是电站建设工期的主要控制因素。朗斯电站采用的灯泡贯流式机组属潮汐发电中的第一代机型，单机容量为10MW。加拿大安纳波利斯电站采用的全贯流式机组为第二代机型，单机容量为20MW。中国的江厦电站机组参照法国朗斯电站并结合江厦的具体条件设计，单机容量为0.5~0.7MW，总体技术水平和朗斯电站相当。在国家重点攻关项目计划的支持下，中国也研究开发了全贯流机组，单机容量为0.14MW，并在广东梅县禅兴寺低水头电站试运行。全贯流机组比灯泡贯流机组的造价可降低15%~20%。总的来说，潮汐发电机组的技术已成熟，朗斯电站机组正常运行约50年，江厦电站也已工作超过了30年。但这些机组的制造是基于早前的技术，因此利用先进制造技术、材料技术和控制技术以及流体动力技术设计，对潮汐发电机组仍有很大的改进潜力，主要是在降低成本和提高效率方面。

第四节 海流发电

海流能是指海水流动的动能，主要是指海底水道和海峡中由于潮汐导致的有规律的海水流动而产生的能量。海流能的能量与流速的平方和流量成正比。一般来说，最大流速在2 m/s以上的水道，其海流能均有实际开发的价值。全世界海流能的理论估计值约为（5~10）×10^8kW量级。

一、海流能成因

风力的大小和海水密度不同是产生海流的主要原因。首先，海面上常年吹着方向不变的风，如赤道南侧常年吹着东南风，而北侧是东北风。风吹动海水使水表面运动起来，而水的黏性使这种运动传到海水深处。随着深度增加，海水流速降低，有时流动方向也会逐渐改变，甚至出现下层海水与表层海水流动方向相反的情况。在太平洋和大西洋的南北两半部以及印度洋的南半部，占主导地位的风系造成了一个广阔的、按逆时针方向旋转的海水环流。在低纬度和中纬度海域，风是形成海流的主要动力。这种由定向风持续地吹拂海面所引起的海流称为风海流。其次，不同海域的海水温度和含盐度常常不同，它们会影响海水的密度。海水温度越高，含盐量越低，海水密度就越小，两个邻近海域海水密度不同也会造成海水环流。这种由于海水密度不同所产生的海流称为密度流。归根结底，这两种海流的能量都来源于太阳的辐射能。

二、我国海流能资源分布

我国海域辽阔，既有风海流，又有密度流；有沿岸海流，也有深海海流。这些海流的流速在0.5海里/时（1海里≈1.85km），流量变化不大，流向较稳定。

根据我国130个水道的计算统计，我国沿海海流理论平均功率为1.4×10^7kW。这些资源在全国沿岸的分布，浙江为最多，有37个水道，理论平均功率为7.09×10^6kW，约占全国的1/2以上。其次是台湾、福建、辽宁等省份的沿岸，约占全国总量的42%，其他省区较少。根据沿海能源密度、理论蕴藏量和开发利用的环境条件等因素，舟山海域诸水道开发前景最好，如金堂水道（25.9kW/m^2）、龟山水道（23.9kW/m^2）、西侯门水道（19.1kW/m^2），其次是渤海海峡和福建的三都澳等，如老铁山水道（17.4kW/m^2）。以上海区均有能量密度高、理论蕴藏量大、开发条件较好的优点，可优先开发利用。

三、海流发电技术

（一）海流发电原理的研究

目前所采用的海流发电原理与风力发电、水力发电相似，是利用海水流动的动能来推动水轮机发电。

英国科学家法拉第提出，还可以利用海流切割地球磁场的磁力线所做的功来发电。但是，地球磁场的强度很弱，海流流动产生的电流强度也不大，难以为人们提供电力。超导材料的出现给这种设想带来了希望，利用超导材料制成的超导磁体可获得高强度的磁场。所以一些科学家提出了一个大胆的设想，只要将一个31 000Gs（1Gs=10^{-4}T）的超导磁体放入黑潮流经的海域，黑潮区的海流切割超导磁体磁场的磁力线，即可发出1 500kW的电。尽管这种设想目前在技术上还难以实现，但它为建立一种全新的海流发电技术提供了最基本的框架。

（二）海流发电站的设计

海流发电是依靠海流的冲击力使水轮机旋转，然后再转变成高速带动发电机发电。目前，海流发电站多是浮在海面上，用钢索和锚加以固定。

有一种称为"花环式"的海流发电站，它是用一串螺旋桨组成的，它的两端固定在浮筒上，浮筒里装有发电机。整个电站迎着海流的方向漂浮在海面上。这种发电站之所以用一串螺旋桨组成，主要是因为海流的流速小，单位体积内所具有的能量小。其发电能力通常较小，一般只能为灯塔和灯船提供电力，或为潜水艇上的蓄电池充电。

美国曾设计过一种驳船式海流发电站，其发电能力比花环式发电站要大得多。这种发电站实际上就是一艘船，在船舷两侧装有巨大的水轮，在海流推动下不断地转动，进而带动发电机发电，通过海底电缆送到岸上。这种驳船式发电站的发电能力约为50MW，且由于发电站是建在船上，所以当有狂风巨浪袭击时，可以驶到附近港口躲避，以保证发电设备的安全。

海流发电装置——海流发电机常见的有轴流式和垂直式，一般由叶片、变速箱、发电机和海底电缆四部分组成，利用海水流动转动叶片，将动能转变为机械能，从而带动发电机发电，与陆地上"风车"原理基本一致。

第七章 地热能及其发电技术

第一节 地热资源的开发利用

一、地热能

地热是一种新型的能源和资源，同时也是绿色环保能源，它可广泛应用于发电、供热供暖、温泉洗浴、医疗保健、种植养殖、旅游等领域。所以，地热资源的开发利用不仅可以取得显著的经济和社会效益，更重要的是，还可以取得明显的环境效益。人类很早以前就开始利用地热能，如利用温泉沐浴、医疗，利用地下热取暖、建造农作物温室、水产养殖及烘干谷物等。但真正认识地热资源并进行较大规模的开发利用却始于20世纪中叶。地热能的利用可分为地热发电和直接利用两大类。

地热能是来自地球深处的可再生热能，它源于地球的熔融岩浆和放射性物质的衰变。地下水的深处循环和来自极深处的岩浆侵入地壳后，把热量从地下深处带至近表层。在有些地方，热能随自然涌出的热蒸汽和水而到达地面。通过钻井，这些热能可以从地下的储层引入地面供人们利用，这种热能的储量相当大。据估计，每年从地球内部传到地面的热能相当于100PW·h。地球内部是一个高温高压的世界，是一个巨大的"热库"，蕴藏着无比巨大的热能。据估计，全世界地热资源的总量大约为14.5×10^{25}J，相当于$4\,948 \times 10^{12}$吨标准煤燃烧时所放出的热量。如果把地球上储存的全部煤炭燃烧时所放出的热量看作100，那么石油的储存量约为煤炭的8%，目前可利用的核燃料储存量约为煤炭的15%，而地热能的总储量则为煤炭的17 000万倍。可见，地球是一个名副其实的巨

"热库"。

二、地热的分布

在地壳中,地热的分布可分为三个带,即可变温度带、常温带和增温带。可变温度带,由于受太阳辐射的影响,其温度有昼夜、年份、世纪甚至更长的周期变化,其厚度一般为15~20 m;常温带,其温度变化幅度几乎等于零,其深度一般为20~30 m;增温带在常温带以下,温度随深度增加而升高,其热量的主要来源是地球内部的热能。

按照地热增温率的不同,我们把陆地上的不同地区划分为正常地热区和异常地热区。地热增温率接近3℃的地区称为正常地热区,远超过3℃的地区称为异常地热区。在正常地热区,较高温的热水或蒸汽埋藏在地球的较深处。在异常地热区,由于地热增温率较大,较高温度的热水或蒸汽埋藏在地壳的较浅部,有的甚至出露地表。那些天然出露的地下热水或蒸汽叫作温泉。在异常地热区,人们也较易通过钻井等人工方法把地下热水或蒸汽引导到地面加以利用。

在一定地质条件下的地热系统和具有勘探开发价值的地热田都有其发生、发展和衰亡过程,绝对不是只要往深处打钻,到处都可以发现地热。作为地热资源,它也和其他矿产资源一样,有数量和品质的问题。就全球来说,地热资源的分布是不平衡的。明显的地温梯度每千米深度大于30℃的地热异常区,主要分布在板块生长、开裂、大洋扩张脊和板块碰撞、衰亡及消减带部位。全球性的地热资源带主要有以下4个。

(一)环太平洋底热带

环太平洋底热带是世界上最大的太平洋板块,是与美洲、欧亚、印度板块的碰撞边界。世界许多著名的地热田,如萨尔瓦多的阿瓦查潘,中国台湾的马槽,日本的松川、大岳等均在这一带。

(二)地中海—喜马拉雅地热带

地中海—喜马拉雅地热带是欧亚板块与非洲板块和印度板块的碰撞边界。世界第一座地热发电站——意大利的拉德瑞罗地热田就位于这个地热带中。中国西藏的羊八井及云南腾冲地热田也在这个地热带。

（三）大西洋中脊地热带

大西洋中脊地热带是大西洋板块裂开部位。冰岛的克拉弗拉、纳马菲亚尔和亚速尔群岛等一些地热田就位于这个地热带。

（四）红海—亚丁湾—东非裂谷地热带

红海—亚丁湾—东非裂谷地热带包括吉布提、埃塞俄比亚、肯尼亚等地热田。

除了在板块边界部位形成地壳高热流区而出现高温地热田外，板块内部靠近板块边界的部位，在一定地质条件下也可能形成相对的高热流区。对于大陆，其平均热流值为1.46热流单位，最大达到1.7～2.0热流单位。如中国东部的胶、辽半岛，华北平原及东南沿海地区等。

中国地热资源是比较丰富的，据估算，主要沉积盆地小于2 000m的深度中储存的地热资源总量约为4.0184×10^{19}kJ，相当于1.3711×10^{12}吨标准煤的发热量。我国目前对地热资源的开发利用与常规能源相比，所占的比重是很小的，据权威部门统计，全国开发利用地热水总量为每天93.67万立方米，年利用热量为5.6485×10^{16}J，约相当于192.74万吨标准煤的发热量，此值仅是中国目前能量消耗总量17.24亿吨标准煤的0.1%。我国地热资源开发利用有以下特点：

（1）地热资源分布面广。据已勘察地热田的分布表明，全国几乎每个省区都有可供开发利用的地热资源。

（2）以中低地热资源为主。据现有738处地热勘察资料统计，中国高温地热田仅2处（西藏羊八井、羊易地热田），其余均为中低温地热田，其中温度在9～150℃的中遍地热田28处，占地热田勘察总数的3.8%；90℃以下的低温地热田有708处，占地热田勘察总数的96%。全国已勘察地热田的平均温度为55.5℃，其中平均温度西藏最高，大于88.6℃；湖南最低，为37.7℃。

（3）地热田规模以中小型为主。在已勘察的738处地热田中，大、中型地热田仅55处，占7.5%，但可利用的热能功率达3 310.91MW，占勘察地热田可利用热能的76.7%；小型地热田有682处，占总数的92.5%，其可利用热能功率仅为1 008.05MW，占总量的23.3%。

（4）地热水水质以低矿化水为主，适合多种用途。在有水质分析资料的493

处地热田中，水矿化度小于1.0g/L的有327处，占总数的66.3%；大于3.0g/L的仅有42处，占总数的8.5%。

（5）开发利用较经济的是构造隆起区已出露的中、小型地热田。这些地热田地表有热显示，热储埋藏浅，勘查深度小，一般仅为300～500 m，勘察难度和风险小。地下热水有一定补给，水质好，适用范围大。

（6）开发潜力大的是大型沉积盆地地热田。中国东部的华北盆地、松辽盆地具有很大的地热资源开发利用潜力，但其开发利用条件受到热储层埋藏深度、岩性、地热水补给条件的限制。开采利用40℃以上的地热水，开采深度一般都需要1 000 m左右，有的地区地热水开采深度已超过3 000 m。

据中国工程院院士、西藏地勘局总工程师多吉初步考察，青藏铁路沿线丰富的高温地热资源估计拥有10万千瓦的发电潜力。

三、地热直接利用情况

近年来，国外对地热能的非电力利用，也就是直接利用，十分重视。但进行地热发电的热效率低，温度要求高。所谓热效率低，就是说由于地热类型的不同，所采用的汽轮机类型的不同，热效率一般只有6.4%～18.6%，大部分的热量白白地被消耗掉。所谓温度要求高，就是说利用地热能发电对地下热水或蒸汽的温度要求一般都要在150℃以上，否则将严重地影响其经济性。而地热能的直接利用不但能量的损耗要小得多，并且对地下热水的温度要求也低得多，15～180℃这样宽的温度范围均可利用。在全部地热资源中，这类中、低温地热资源是十分丰富的，远比高温地热资源大得多。但是，地热能的直接利用也有其局限性。由于受载热介质——热水输送距离的制约，一般来说，热源不宜离用热的城镇或居民点过远；否则，投资多、损耗大、经济性差，是划不来的。

目前，地热能的直接利用发展十分迅速，已广泛地应用于工业加工、民用采暖和空调、洗浴、医疗、农业温室、农田灌溉、土壤加温、水产养殖及畜禽饲养等各个方面，收到了良好的经济技术效益，节约了能源。地热能的直接利用，技术要求较低，所需设备也较为简易。在直接利用地热的系统中，尽管有时因地热流中的盐和泥沙的含量很低而可以对地热加以直接利用，但通常都是用泵将地热流抽上来，通过热交换器变成热气和热液后再使用。这些系统都是最简单的，使用的是常规的现成部件。

地热能直接利用中所用的热源温度大部分在40℃以上。如果利用热泵技术，温度为20℃或低于20℃的热液源也可以被当作一种热源来使用。热泵的工作原理与家用冰箱相同，只不过冰箱实际上是单向输热泵，而地热热泵则可双向输热。冬季，它从地球提取热量，然后提供给住宅或大楼（供热模式）；夏季，它从住宅或大楼提取热量，然后又提供给地球蓄存起来（空调模式）。不管是哪一种循环，水都是被加热并蓄存起来，发挥了一个独立热水加热器的全部或部分功能。据美国能源信息管理局预测，到2030年，地热泵将为供暖、散热和水加热提供高达68Mt油当量的能量。

（一）地热供暖

将地热能直接用于采暖、供热和供热水是仅次于地热发电的地热利用方式。因为这种利用方式简单、经济性好，备受各国重视，特别是位于高寒地区的西方国家，其中冰岛开发利用得最好。该国在首都雷克雅未克建成了世界上第一个地热供热系统，如今这一供热系统已发展得非常完善，每小时可从地下抽取7740 t 80℃的热水，可供全市11万居民使用。由于没有高耸的烟囱，冰岛首都已被誉为"世界上最清洁无烟的城市"。此外，利用地热给工厂供热，如用作干燥谷物和食品的热源，用作硅藻土生产、木材、造纸、制革、纺织、酿酒及制糖等生产过程的热源也是大有前途的。目前世界上最大两家地热应用工厂就是冰岛的硅藻土厂和新西兰的纸浆加工厂。虽然整体上我国地热供暖与国际的先进水平还具有一定差距，但也已经有近20年的历史，地热供暖技术发展也非常迅速。地热供暖主要集中在我国冬季气候较寒冷的华北和东北一带，在京津地区已成为地热利用中最普遍的方式。地热供暖不仅降低了煤炭资源对环境的污染，同时也能保证供暖质量。

（二）地热浴疗、洗浴及游泳

地热在医疗领域的应用有诱人的前景，目前热矿水就被视为一种宝贵的资源，世界各国都很珍惜。由于地热水从很深的地下提取到地面，除温度较高外，常含有一些特殊的化学元素，从而使它具有一定的医疗效果。如饮用含碳酸的矿泉水，可调节胃酸，平衡人体酸碱度；饮用含铁矿泉水后，可治疗缺铁性贫血症；用氢泉、硫水氢泉洗浴，可治疗神经衰弱、关节炎及皮肤病等。由于温泉的医疗作用及伴随温泉出现的特殊地质、地貌条件，常常使温泉成为旅游胜地。在日本就有1 500多个温泉疗养院，每年吸引1亿游客到这些疗养院休养。我国利用地热治疗疾病的历史很悠久，含有各种矿物元素的温泉也很多，因此，充分发挥地热的医疗作用，发展温泉疗养行业是十分有前景的。

（三）地热在工农业方面的利用

地热能在工业领域应用范围很广，工业生产中需要大量的中低温热水，地热用于工艺过程是比较理想的方案。我国在干燥、纺织、造纸、机械、木材加工、盐分析取、化学萃取及制革等行业中都有应用地热能。其中，地热干燥是地热能直接利用的重要项目，地热脱水蔬菜及方便食品等是直接利用地热的干燥产品。在我国社会主义市场经济不断发展的今天，地热干燥产品有着良好的国际市场和潜在的国内市场。

地热在农业中的应用范围也十分广阔。如利用温度适宜的地热水灌溉农田，可使农作物早熟增产；利用地热水养鱼，在28℃水温下可加速鱼的育肥，提高鱼的出产率；利用地热建造温室，可育秧、种菜和养花；利用地热给沼气池加温，提高沼气的产量等。我国的地热农业温室分布面很广，但规模较小，其中包括蔬菜温室、花卉温室、蘑菇培育及育种温室等。北方主要种植比较高档的瓜果菜类、食用菌及花卉等；南方主要用于育秧。其中，花卉温室的经济效益较明显，发展潜力巨大，是地热温室发展的方向。随着国民经济的迅速发展和人民生活水平的不断提高，农业逐步走向了现代化进程，各种性能优良的温室将逐步建立起来。室内采用地热供暖，既安全经济，又无污染。

将地热能直接用于农业在我国日益广泛，北京、天津、西藏和云南等地都建有面积大小不等的地热温室。各地还利用地热大力发展养殖业，如培养菌种、养殖罗非鱼及罗氏沼虾等。

四、不同方式供暖成本比较和地热资源开发规划

地热井的综合造价不高。正常情况下，一口地热井的综合造价和燃煤锅炉相当，比燃油气炉少得多，且具有占地面积小、操作简单、运行成本低、无环境污染等优点。

目前，开发地热能的主要方法是钻井，并从所钻的地热井中引出地热流

体——蒸汽和水加以利用。随着我国市场经济的快速、稳定发展，特别是城市化进程加快和人民生活质量的提高，地热市场的需求相当强劲，如中国北方高纬度寒冷的大庆地区，急需大规模开发地热，以解决城镇供热问题；干旱的西北地区也急需开发热矿水以开拓市场，发展第三产业，以及提高人民生活水平，改善生产和生活条件。

地热能的另一种形式主要是地源能，包括地下水、土壤、河水、海水等，地源能的特点是不受地域的限制，参数稳定，其温度与当地的平均温度相当，不受环境气候影响。由于地源能的温度具有夏季比气温低、冬季比气温高的特性，因此是用于热泵夏季制冷空调、冬季制热采暖比较理想的低温冷热源。

随着经济建设的迅速发展和人民生活水平的不断提高，城镇化步伐加快，建筑物用能（包括制冷空调、采暖、生活热水的能耗）所占比例越来越大，特别是冬季采暖供热，由于大量使用燃煤、燃油锅炉，由此所造成的环境污染、温室效应、疾病等严重影响着人类的生活质量。因此，开发和利用地热资源，在建筑物的制冷空调、采暖、供热方面有着十分广阔的市场，对我国调整能源结构、促进经济发展、实现城镇化战略、保证可持续发展等具有重要的意义。

第二节　地热发电概况

地热发电是新兴的能源工业，它是在地质学、地球物理、地球化学、钻探技术、材料科学以及发电工程等现代科学技术取得辉煌成就的基础上迅速发展起来的。地热电站的装机容量和经济性主要取决于地热资源的类型和品位。

一、国外地热发电简介

地热发电至今已有近百年的历史，世界上最早开发并投入运行的拉德瑞罗地热发电站，只有1台250kW的机组。随着研究的深入、技术水平的提高，拉德瑞罗地热电站不断扩建，到全部机组投产后，总装机容量达到293MW。此后，新西兰、菲律宾、美国、日本等一些国家相继开发地热资源，各种类型的地热电站不断出现，但发展速度不快。之后，由于世界能源危机发生，矿物燃料价格上涨，使得一些国家对包括地热在内的新能源和可再生能源开发利用更加重视，世界地热发电装机容量才逐年有较大的增长，其中美国地热发电装机容量居世界首位，菲律宾居第二位，墨西哥居第三位，以下依次是意大利、印度尼西亚、日本、新西兰、冰岛、萨尔瓦多、哥斯达黎加、尼加拉瓜、肯尼亚、危地马拉、中国等。

（一）美国地热发电

美国地热发电装机容量目前居世界首位，大部分地热发电机组集中在盖瑟斯地热电站。该电站位于加利福尼亚州旧金山以北约20 km的索诺马地区。该地区在发现温泉群、沸水塘、喷气孔等地热显示后，第二年钻成了第一口汽井，开始利用地热蒸汽供暖和发电。之后又投入多个地热生产井和多台汽轮发电机组，在盖瑟斯地热电站的最兴盛阶段，装机容量达到2 084MW。但由于热田开发过快，热储层的压力迅速下降，蒸汽流量逐渐减少，使机组总出力降到1 500MW左右，后来采取了相应对策才保持在目前1 900MW的水平。

加州南部的帝国谷有小容量的地热电站共8座，总装机容量约为400MW；洛杉矶以北300 km的科索地区也在利用地热发电，至今已装有9台机组，装机容量共计240MW。

（二）菲律宾地热发电

菲律宾是全球重要的地热能市场。政府制定了各种优惠政策鼓励开发地热，已探明的地热能大于4 000MW，计划今后10～15年内新增20 000MW地热电力。

菲律宾地热发电装机容量居世界第二，地热发电已占全国电力的30%。在莱特岛和棉兰老岛地热电站建成后，又建了2座地热电站，这使得菲律宾成为世界上主要的地热发电国家。除了国家电力公司经营的8座地热电站外，欧美和日本企业也参加了地热电站的开发经营。

（三）墨西哥地热发电

墨西哥是中美洲最大的石油输出国，发电燃料主要为石油。为了增加石油出口量，墨西哥采取了大量利用水力、天然气、煤炭、地热等发电的多样化能源政策。墨西哥的地热资源主要集中在塞罗·普里埃托地热田，该地热田位于墨西哥中部横贯东西的火山带。在Pathe建成第一座地热电站，装机容最为3.5MW，至今已有16台机组，地热发电量达5 100GW·h，占全国总发电量的4.5%。目前最大的地热电站是塞罗·普里埃托地热电站，装机容量为803MW，最大单机容量为110MW。在墨西哥中部距墨西哥城西北200 km处的地热电站，装机容量为93MW。

（四）意大利地热发电

意大利是世界上第一个从事地热流体发电试验和开发的国家。在拉德瑞罗进行了首次试验，第一座250kW的地热电站开始运转。之后，进行了深井钻探和热储人工注水补给的研究，使已经开采多年的地热电站装机容量有所增加。

目前，意大利地热电站装机容量约为631MW，年发电量约为4 700GW·h。发电成本为0.015欧元/千瓦·时，大大低于火电的成本（火电发电成本为0.04欧元/千瓦·时）。

（五）日本地热发电

日本有丰富的地热资源。据调查，可以进行地热发电的地区有32处。地热资源量评价结果表明，在地表以下3km范围内有150℃以上的高温热水资源约70 000MW，已探明的资源量约为25 000MW。

日本曾建有几座小型地热试验电站，直到本州岛岩手县建成了松川地热电站，一台20MW的机组投入运行。九州电力公司又在大分建成了大岳地热电站。之后又相继建成了大沼、鬼首、八丁原、葛根田等地热电站，且地热发电有了较快发展，建成了森、杉乃井、上岱、山川、澄川、柳津西山、大雾等地热电站。至今，全国已有地热电站18座，20台机组，总装机容量550MW，并成功地将大量200℃以下的热水抽汲到地面，利用低沸点的工质及热交换工作蒸汽驱动汽轮机发电，其中规模最大的是八丁原地热电站，有2台55MW机组，装机容量为110MW。

(六)新西兰地热发电

新西兰是世界上首先利用以液态为主的气、水混合地热流体发电的国家。北岛有一个长250km、宽50km的地热异常带,怀拉基地热田就位于该地热异常带中央。据初步探测,该地区的地热资源为2 150~4 620MW。

新西兰开始建设怀拉基地热电站,并陆续投入多台不同类型的地热发电机组,其中包括背压式和凝汽式电站,总装机容量达到190MW。但由于长期开采使热储层压力降低,汽量减少。

新西兰还有另两个较大的地热田,一个是卡韦分,另一个是奥哈基地。奥哈基地热电站是一座奇特的地热发电站,电站位于断裂带上,这里地震频繁,工程技术人员把电站建在一个由大钢圈固定的9 m^2 面积的水泥墩上,能抗里氏10级地震。

二、我国地热发电概况

(一)中低温地热流体发电

20世纪70年代,我国先后在广东、江西、湖南、广西、山东、辽宁、河北等地共建成7处利用100℃以下中低温地热流体发电的小型地热试验电站。

广东丰顺县邓屋,利用92℃地下热流体采用闪蒸法发电试验成功,当时的地质部还发去了贺电。首次发电装机容量为86kW。之后采用双工质法的第二台试验机组发电量为200kW,第三台300kW机组也投入生产。其中1号机组、2号机组完成试验不久后都停运了,3号机组(300kW,水温92℃,闪蒸)一直运行至因设备老化、腐蚀等问题停运。

在江西省宜春市建立的温汤地热试验发电站(2台机组装机容量为100kW),是世界上因地制宜利用中低温地热水发电的范例。温汤热水温度只有67℃,设计为一套双循环地热发电试验装置,工质采用氯乙烷。由于氯乙烷的沸点只有12.5℃,当67℃的热水流入蒸发器,加热器内的低沸点工质氯乙烷立即汽化,蒸汽压力立即升高,主气门一开,蒸汽就推动汽轮发电机组发电。厂用电只需一台7kW工质泵,就能得到50kW的净电。这是全世界地热水温度最低的一座小型地热试验电站(美国阿拉斯加Chena电站记录的世界上中低温地热发电下限为74℃),整个电站的厂用电也是最少的,非常成功,这一成果还获得过全国科学大会奖。

湖南省宁乡市灰汤地热试验电站也是一个比较成功的电站。建成后利用98℃的温泉，年装机容量为300kW，电站由省电力系统统一管理，设备的建造和维护正规，正常运行30多年后因设备老化停运。

河北怀来县后郝窑，利用85℃的地热流体建立发电站，也是采用双循环发电系统，工质为氯乙烷，装机容量为200kW。

辽宁营口市熊岳地热试验电站，热水温度为84℃，采用正丁烷作为双循环发电系统的工质，装机容量为200kW。

山东招远市汤东泉地热电站，热水温度为98℃，装机容量为300kW。

广西象州市热水村地热电站，热水温度为79℃，装机容量200kW。

我国的中低温地热电站基本上是在计划经济时代建立的，虽然总装机容量1.6MW微不足道，但都是当时科学工作者因地制宜、自主探索获得的宝贵经验，创造了利用67℃地热流体的世界最低温度发电历史，没用进口设备，没请外国专家，都是大学老师出图纸，工厂试生产，其技术是与世界同步的扩容闪蒸法和双工质循环法。但这些小型地热发电站均是试验研究性质，由于试验经费减少、设备腐蚀等原因，其中5处被认为没有经济效益而停止运行，仅广东省丰顺县邓屋和湖南省宁乡市灰汤各300kW均运行至2008年，最终因设备过于老化而停运。

（二）高温地热能发电

我国高温地热能发电有西藏的羊八井、朗久、那曲、羊易，云南的腾冲，台湾的清水、土场。目前仅羊八井地热电站仍在运行，其他电站均运行时间不长，因结垢等原因停运。

西藏羊八井地热电站是我国目前唯一仍在运行且效益较好的一个地热发电站。羊八井地热蒸汽田位于拉萨市西北90千米的青藏公路线上，为一面积30平方千米的断陷盆地，有十多个地热显示区，沸泉组成的热水湖、大小喷气孔、热水泉星罗棋布。羊八井地热蒸汽田内的第一口钻孔至地下38~43 m深时，蒸汽和热水混合物从钻杆外沿喷出，高达15 m以上，井口最大压力为3.1 kg/cm²，蒸汽流量为10 t/h，井下温度达到150℃左右。羊八井地热蒸汽田是我国目前已知的热储温度最高的地热田。我国第一座地热蒸汽电站在西藏羊八井建立，第一台1MW试验机组发电成功，此后羊八井地热电站经过不断扩容，后又陆续组装完成了另

8台3MW机组，同时第一台1MW试验机组退役。此后维持装机容量24.18MW，每年发电量1亿度左右，在当时拉萨电网中曾承担41%的供电负荷，冬天甚至超过了60%，被誉为"世界屋脊上的一颗明珠"。之后，"国家863计划"支持在羊八井地热电站新增安装了1MW低温双螺杆膨胀发电机组，利用电站排放的80℃废热水发电运行。至今，羊八井地热电站已运行40多年，每年运行6 000小时以上，年均发电量超过1.2亿千瓦·时。此外，羊八井还建有地热温室种植多种蔬菜，一年四季向拉萨供应新鲜蔬菜。目前，西藏羊八井地热电站总装机容量为25.18MW。

西藏的地热电站还有羊易地热电站，井口工作温度为209℃，装机容量为30MW；阿里朗久地热电站，2台1MW机组，总装机容量为2MW；那曲地热电站由联合国捐赠建设，采用美国ORMAT技术，井口工作温度为110℃，装机容量为1MW，但该地热电站已经停运。

其他高温地热发电站有云南腾冲地热田，井口工作温度为250℃，装机容量12MW；台湾清水地热电站建立了2台1.5MW机组，装机容量为3MW；后台湾土场地热电站也经建成，井口工作温度为173℃，双工质，1台机组装机容量为0.3MW。

（三）地热发电大有可为

目前，国际上评价一个国家地热发展的程度，往往是以这个国家地热发电的产出作为判断根据。因为地热发电要求比较高的技术，地热发电能产生二次能源，为国家的经济发展提供动力。根据国际地热协会（The International Geothermal Association，IGA）的统计，至今全球有34个国家建有地热电站，总装机总容量达到18 500MW，地热发电10年内增长率为13.4%。同时预测，利用现有技术，世界地热发电潜力至2050年，装机容量可望达到70GW；若采用新的技术（增强型地热系统EGS），则装机容量可以翻一番（140GW）。若用地热发电替代燃煤发电，至2050年，将可减少二氧化碳排放每年10亿吨，若替代天然气发电则可每年减少5亿吨。

我国地热发电探索起步不算晚，但近30年来发展缓慢，在世界各国中处于较为落后的局面，地热发电装机容量世界排名第15位，年发电量排在世界第14位。从地热发电基础理论和设备装配角度看，我国利用技术水平已相当成熟。从资源储量角度分析,全国已发现地热点3 200多处,其中具备高温地热发电潜力有255处,预计可获发电装机5 800MW;干热岩蕴藏热能量巨大,我国大陆3 000~10 000 m深处干热岩资源总计为$2.5×10^{25}$J,相当于860万亿吨标准煤,是我国目前年度能源消耗总量的26万倍;中低温地热资源丰富,在东南沿海、华北等地具有很好的中低温地热发电前景。目前开发利用量不到资源保有量的千分之一,总体资源保证程度相当好。

当今世界,能源是一个国家的经济命脉。对比我国未来40年地热资源路线图,要实现高温地热发电和干热岩发电装机容量达到75MW的目标还需努力,但通过科学工作者的共同奋战,前景还是值得期待的。

第一,我国境内的环太平洋地热带和地中海——喜马拉雅(滇藏)地热带蕴藏有丰富的高温地热资源。我国拥有150℃以上高温温泉区近百处,主要集中分布在西藏南部、滇西地热带和台湾地热带。西藏有沸泉44个,根据地球化学温标推算,高温水热对流系统有61个。羊八井地热蒸汽田内的ZK4001地热井,井口工作压力为$15×10^5$Pa,工作温度为200℃,汽水总量为302t/h,其中蒸汽流量为37t/h,单井发电潜力即可达到12.58MW。羊易地热田具有30MW装机的建站条件,远景发电潜力可达50MW。高温地热蒸汽首先用于发电,地热电厂发电尾水向城市建筑物供暖,可实现高温地热发电——尾水供暖的梯级利用,达到经济、环境效益的双赢,无论从资源角度,还是从市场方面,有着广阔的前景。西藏有高温地热蒸汽发电的成功经验,地热资源丰富,但开发利用程度较低,进一步开发羊八井深部热能,可提高羊八井地热电站发电能力。加大、加快青藏路沿线地热资源开发力度,以现有地热电站为基础,建立高温地热开发利用示范基地,以此带动云南、福建、台湾等地区的高温地热开发利用。其次,改进中低温(100℃以下)地热发电技术,使经济上更具竞争力。转变"中低温地热发电在技术上可行但经济上不可行"的历史偏见和认知误区。太阳能光伏发电10万元装机1kW,年运行2 000小时;而中低温地热发电1万元装机1kW,可实现年运行6 000小时以上,优势显而易见。经济性要从长远的角度看,不能只从单一的经济利益来评价地热发电,还应认识到生产的是无碳的二次能源,包括能源结构的改善、环境效益等。

第二,大量的矿山企业、燃煤电站和诸多油田废弃油井所排放的高于80℃以上的废水,采用双流体系统发电,可以物尽其才、废物利用。尤其是油气田伴生的中低温地热资源总量非常巨大，综合开发利用将给我国地热发电带来新的机遇。油田区注水采油，使许多油田含水率已达90%，实际上是"水田"。地热发电成本高在于凿井费用，利用油气田已有井孔，可大量节省打井费用，减少60%的投资。油气田综合开发利用地热资源，发电成本是增强地热系统的1/4或1/5。已有统计预算：仅是我国任丘油田可供发电的中低温（90~150℃）地热资源就可建2 000MW以上的地热电站。油气田区开发地热资源，可以产生油-热-电联产并综合效益，将是今后地热产业发展的一个方向。

第三，向深部干热岩进军。干热岩资源量占全部地热资源的98%，潜力无比巨大。地壳中干热岩所蕴含的能量相当于全球所有石油、天然气和煤炭所蕴藏能量的30倍，是一种可再生能源，可以说取之不尽、用之不竭，是地热发电领域新的突破点。目前，全球众多经济发达国家对干热岩的发电研究方兴未艾。世界上第一个商用增强型地热发电厂已经在德国建成，投入运行后每年可发电2 200kW·h。建造一个干热岩发电厂一般需要5年时间，其使用寿命一般在15~20年。我国增强型地热系统（EGS）的具体目标是：2035年形成规模开发，2050年将地热发电的目标设定为全国总装机容量的5%~10%，这是非常高的目标。为实现这一目标，地热界在努力。科考认为，西藏南部上地壳中的熔融层是寻找增强型地热系统的有利地区，羊八井深部和云南腾冲热海热田的发电潜力可达到100GW。中、澳签订合作协议共同承担"中国工程地热系统资源潜力的研究"项目，两国科学家多次在云南、广东、福建、江苏等地考察，选择福建漳州和江苏北部为前景区。

第四，国土资源部启动"我国干热岩勘查关键技术研究"，科技部863项目启动"干热岩热能开发与综合利用关键技术研究"。高温岩体地热资源丰富、地热梯度高的青海共和盆地作为我国干热岩优先开发地区，投入了深部地球物理勘探，实施了干热岩科学钻探。2017年8月，位于青海省共和县的GR1井实施固井一次成功，井深3 705m探获236℃优质干热岩，成为国内温度最高的干热岩井。2019年，自然资源部中国地质局正式印发青海共和盆地干热岩勘查与试验性开发科技攻坚战实施方案（2018~2025），明确总体目标：通过协同攻关，最终突破干热岩勘查开发重大技术难题，实现干热岩勘探开发重大仪器国产化，建立中国首个可复制推广的经济型、规模化干热岩开发示范工程。一旦试验成功并广泛推广应用，则又是地热发电的一个历史里程碑。

第五，国家给予政策和财政支持。相比风能、太阳能等其他可再生能源，地热发电具有很高的利用效率。据联合国世界能源评价报告，地热发电的利用效率高达72%~76%，是风能的3~4倍、太阳能的4~5倍。增加我国地热发电的装机容量，既可以促进经济发展，又可以在减排的国际谈判中争取话语权。建议参照其他可再生能源产业发展政策，给予地热发电上网电价补贴，鼓励和吸引更多企业和资金投入地热发电项目中来。

第三节　地热发电技术

一、概述

地热能实质上是一种以流体为载体的热能，地热发电属于热能发电，所有一切可以把热能转化为电能的技术和方法理论上都可以用于地热发电。由于地热资源种类繁多，按温度可分为高温、中温和低温地热资源；按形态分有干蒸汽型、湿蒸汽型、热水型和干热岩型；按热流体成分则有碳酸盐型、硅酸盐型、盐水型、卤水型。另外，地热水还普遍含有不凝结气体，如二氧化碳、硫化氢及氮气等，有的含量还非常高。这说明地热作为一种发电热源是十分复杂的。针对不同的地热资源，人们开发了若干种把热能转化为电能的方法。最简单的方法是利用半导体材料的塞贝克效应，也就是利用半导体的温差电效应直接把热转化为电能。这种方法的优点是没有运动部件，不需任何工质，安全可靠。缺点是转化效率比较低，设备难以大型化，成本高。除了一些特殊的场合，这种方法的商业化前景并不乐观。

另一种把热能转化为电能的方法是使用形状记忆合金发动机。形状记忆合金在较低温度下受到较小的外力即可产生变形，而在较高的温度下将会以较大的力量恢复原来的形状从而对外做功。但目前形状记忆合金发动机仅是一种理论上正在探索的技术，是否具有实用价值尚无定论。

热能转化成机械功再转化为电能的最实用的方法只有通过热力循环，用热机来实现这种转化。利用不同的工质，或不同的热力过程，可以组成各种不同的热力循环。理论上，效率最高的热力循环是卡诺循环。

朗肯循环是以水为工质的实用性热力循环。朗肯循环可输出稍大一点的功，但朗肯循环平均吸热的温度稍低于卡诺循环的平均吸热温度，说明朗肯循环的热效率比卡诺循环稍低一点，但差别很小。因此，在近似计算时，可以用卡诺循环的效率代替朗肯循环效率。在相同的温度条件下，卡诺循环具有最高的热效率，也可以认为，朗肯循环基本上达到了热力学所允许的最高效率，它是一个把热能转化为电能的十分优越的循环。这也是热力发电普遍使用朗肯循环的原因之一。

二、地热发电的热力学特点

对于一个常规能源发电厂来说，其首要的是追求在经济和技术许可的条件下具有最高效率。电站的效率越高，则消耗一定量的燃料就可得到更多的电能。根据热力学第二定律，温差越大，则循环的热效率就越高。但对于地热发电来说，热流体的温度和流量都受到很大限制，因此地热发电是如何从这些有限量的地热水中获取最大的发电量，而不是追求电站具有最高的热效率。实际上，效率和最大发电量并不是同一回事，从下面的分析就可以看出来。采用朗肯循环来发电，工质水首先要变成蒸汽，才能膨胀做功。如何从地热水中取得蒸汽，最简单的办法就是降低热水的压力，当压力低于地热水初始温度所对应的饱和压力时，就会有一部分热水变成蒸汽。这个过程叫作闪蒸过程。闪蒸出来的蒸汽就可以进入汽轮机膨胀做功。如果闪蒸压力取得比较高，则闪蒸出来的饱和蒸汽也具有较高的压力，其做功的能力就比较强，相应的热效率就比较高，但此时所产生的蒸汽量却比较少。相反，如果闪蒸压力取得低一点，则闪蒸出来的蒸汽的做功能力将下降，但是蒸汽的产值将增加。由于蒸汽量乘其做功量才是这股热水的发电量，很明显，当闪蒸压力近似于地热水初始温度所对应的饱和压力时，闪蒸出来的蒸汽具有最大的做功能力，但此时的蒸汽量接近于零，从而发电量也接近于零。相反，当闪蒸压力近似于冷却水温度所对应的饱和压力时，蒸汽量达到最大值，但此时蒸汽的做功能力接近于零，从而发电量也接近于零。因此，在上述这两个极端的压力之间，应该存在一个最佳的闪蒸压力，在这个压力下，地热水闪蒸出来的蒸汽具有最大的发电量。最大发电量并不是工程设计时应该取的最佳值，因为追求的应该是最大的净发电量,也就是电站的发电量减去维持电站运行所消耗的电量,如向电站输送冷却水时消耗的电量等。一般耗电量和电站的蒸汽量成正比,因此最佳发电量应小于最大值的发电量(最佳的闪蒸温度T对应的最大发电量)。该点的发电量虽稍有减少,但蒸汽量也较少,这意味着等温放热过程中放出的热量较少,所需的冷却水也较少,输送冷却水的耗功也较少,通过比较,可以得到放大净发电量的工作点。

但在上面的分析中还忽略了另一个重要的参数——循环放热温度的选取。循环放热温度高,蒸汽膨胀做功的能力下降,发电量减少,但所需的冷却水温度升高,水量减少,因此耗电量也相应减少。所以循环放热温度的确定必须通过分析对比,找出输出净功为最大值时的温度作为设计温度。

对于大多数地热(包括蒸汽型、干蒸汽型)资源来说,实际上在井底都有一定温度的高压热水,都可以按热水型地热资源的发电过程加以分析。但有时从一些高温地热井井口出来的流体都含有一定压力的汽水混合,如果简单地按井口参数进行汽水分离,分离出来的热水再进行一次或二次扩容来设计发电系统的话,这个系统不一定是最佳的,而应该根据井底热水的温度及地面冷却水的温度来决定采取什么样的热力系统和参数。如果采用深井热水泵的话,就可以保证对井口的压力的要求。

三、地热发电方式

要利用地下热能,首先需要由载热体把地下的热能带到地面上来。目前能够被地热电站利用的载热体主要是地下的天然蒸汽和热水。按照载热体类型、温度、压力和其他特性的不同,可把地热发电的方式划分为地热蒸汽发电和地下热水发电两大类。此外,还有正在研究试验的地压地热发电系统和干热岩发电系统。

(一)地热蒸汽发电

1.地热干蒸汽发电

(1)背压式汽轮机发电系统的工作原理

首先把干蒸汽从蒸汽井中引出,先加以净化,经过分离器分离出所含的固体杂质,然后就可把蒸汽通入汽轮机做功,驱动发电机发电。做功后的蒸汽可直接排入大气，也可用于工业生产中的加热过程。这种系统大多用于地热蒸汽中不凝结气体含量很高的场合，或者综合利用于工农业生产和人们生活的场合。

（2）凝汽式汽轮机发电系统

为提高地热电站的机组出力和发电效率，通常采用凝汽式汽轮机地热蒸汽发电系统。在该系统中，由于蒸汽在汽轮机中能膨胀到很低的压力，因而能做出更多的功。做功后的蒸汽排入混合式凝汽器，并在其中被循环水泵打入冷却水所冷却而凝结成水，然后排走。在凝汽器中，为保持很低的冷凝压力（即真空状态），设有两台带有冷却器的射汽抽气器来抽气，把由地热蒸汽带来的各种不凝结气体和外界漏入系统中的空气从凝汽器中抽走。

2.地热湿蒸汽发电

（1）单级闪蒸地热湿蒸汽发电系统

不带深井泵的自喷井、井口流体为湿蒸汽的单级闪蒸地热发电系统。这种系统的闪蒸过程是在井内进行的，然后在地面进行汽水分离。分离后的蒸汽送往汽轮发电机组发电。从广义上说，它也是一种闪蒸发电系统。它和干蒸汽发电系统相比，所不同的是多了一个汽水分离器和浮球止回阀——防止分离出来的地热蒸汽中含有水分进入汽轮机。这类地热电站，在墨西哥的Cerro Prieto，日本的大岳、大沼、鬼首、葛根田，萨尔瓦多的Ahuachapan，苏联的Pauzhetka等，都有机组运行。

（2）两级闪蒸地热湿蒸汽发电系统

当由汽水分离器排出的饱和水温度仍较高时，为了充分利用这部分废弃热水的能量，可采用两级闪蒸发电系统，即在汽水分离器后多装一台闪蒸器，将分离器排出的饱和水在闪蒸器内闪蒸，产生一部分低压蒸汽，作为二次蒸汽，进入汽轮机的低压缸，和膨胀后的一次蒸汽一起，在汽轮机内一起膨胀至终点状态。这种两级闪蒸的地热电站，在新西兰的Wairakei、日本的八町原和冰岛的Krafla都有运行。

（二）地热水发电

地下热水发电有两种方式：一种是直接利用地下热水所产生的蒸汽进入汽轮机工作，叫作闪蒸地热发电系统；另一种是利用地下热水来加热某种低沸点工质，使其产生蒸汽进入汽轮机工作，叫作双循环地热发电系统。

1.闪蒸地热发电系统

在此种方式下，不论地热资源是湿蒸汽田或是热水田，都是直接利用地下热水所产生的蒸汽来推动汽轮机做功。用100℃以下的地下热水发电，是如何实现将地下热水转变为蒸汽来供汽轮机做功的？要回答这个问题，就需要了解在沸腾和蒸发时水的压力和温度之间的特有关系。水的沸点和气压有关，在101.325kPa下，水的沸点是100℃。如果气压降低，水的沸点也相应地降低。在50.663kPa时，水的沸点降到81℃；20.265kPa时，水的沸点为60℃；而在3.04kPa时，水在24℃就沸腾。

根据水的沸点和压力之间的这种关系，就可以把100℃以下的地下热水送入一个密封的容器中进行抽气降压，使温度不太高的地下热水因气压降低而沸腾，变成蒸汽。由于热水降压蒸发的速度很快，是一种闪急蒸发过程，同时，热水蒸发产生蒸汽时，它的体积要迅速扩大，所以这个容器就叫作闪蒸器或扩容器。用这种方法来产生蒸汽的发电系统，叫作闪蒸法。

地热发电系统也叫作减压扩容法地热发电系统。它又可以分为单级闪蒸地热发电系统、两级闪蒸地热发电系统和全流法地热发电系统等。

（1）单级闪蒸地热发电系统

由热水井出来的地热水先进入闪蒸器（亦称降压扩容器）降压闪蒸，生产出一部分低压饱和蒸汽及饱和水，然后蒸汽进入凝汽式汽轮发电机组将其热能转变为机械能及电能，残留的饱和水则回灌地下。如美国加州的East Mesa地热电站属于此类型。

（2）两级闪蒸地热发电系统

第一次闪蒸器中剩下来汽化的热水又进入第二次压力进一步降低的闪蒸器，产生压力更低的蒸汽再进入汽轮机做功。它的发电量可比单级闪蒸法发电系统增加15%~20%。我国羊八井地热电站有的机组就是采用这种发电系统。

（3）全流法地热发电系统

全流法地热发电系统是把地热井口的全部流体，包括蒸汽、热水、不凝气体及化学物质等，不经处理直接送进全流动力机械中膨胀做功，而后排放或收集到凝汽器中，这样可以充分地利用地热流体的全部能量。该系统由螺杆膨胀器、汽轮发电机组和冷凝器等部分组成。它的单位净输出功率可比单级闪蒸法和两级闪蒸法发电系统的单位净输出功率分别提高60%和30%左右。

采用闪蒸法发电的地热电站基本上是沿用火力发电厂的技术，即将地下热水送入减压设备——扩容器，将产生的低压水蒸气导入汽轮机做功。在热水温度低于100℃时，全热力系统处于负压状态。这种电站设备简单，易于制造，可以采用混合式热交换器。其缺点是设备尺寸大，容易腐蚀结垢，热效率较低。由于是直接以地下热水为工质，因而对于地下热水的温度、矿化度以及不凝气体含量等有较高的要求。

2.双循环地热发电系统

双循环地热发电也叫作低沸点工质地热发电或中间介质法地热发电，又叫作热交换法地热发电。这是在国际上兴起的一种地热发电新技术。这种发电方式不是直接利用地下热水所产生的蒸汽进入汽轮机做功，而是通过热交换器利用地下热水来加热某种低沸点的工质，使之变为蒸汽，然后以此蒸汽去推动汽轮机，并带动发电机发电；汽轮机排出的废气经凝汽器冷凝成液体，使工质再回到蒸发器重新受热，循环使用。在这种发电系统中，低沸点介质常采用两种流体：一种是采用地热流体作热源，另一种是采用低沸点工质流体作为一种工作介质来完成将地下热水的热能转变为机械能。双循环地热发电系统即由此而得名。常用的低沸点工质有氯乙烷、正丁烷、异丁烷、氟利昂-11、氟利昂-12等。

在常压下，水的沸点为100℃，而低沸点的工质在常压下的沸点要比水的沸点低得多。根据低沸点工质的这种特点，就可以用100℃以下的地下热水加热低沸点工质，使它产生具有较高压力的蒸汽来推动汽轮机做功。这些蒸汽在冷凝器中凝结后，用泵把低沸点工质重新打回热交换器循环使用。这种发电方法的优点是，利用低温位热能的热效率较高；设备紧凑，汽轮机的尺寸小；易于适应化学成分比较复杂的地下热水。其缺点是不像扩容法那样可以方便地使用混合式蒸发器和冷凝器；大部分低沸点工质传热性都比水差，采用此方式需有相当大的金属换热面积；低沸点工质价格较高，来源少，有些低沸点工质还有易燃、易爆、有毒、不稳定、对金属有腐蚀等特性。双循环地热发电系统又可分为单级双循环地热发电系统、两级双循环地热发电系统和闪蒸与双循环两级串联发电系统等。

（1）单级双循环地热发电系统

发电后的热排水还有很高的温度，可达50～60℃。

（2）两级双循环地热发电系统

两级双循环地热发电系统是利用单级双循环发电系统发电后的热排水中的热

量再次发电的系统。采用两级利用方案，各级蒸发器中的蒸发压力要综合考虑，选择最佳数值。如果这些数值选择合理，那么在地下热水的水量和温度一定的情况下，一般可提高发电量20%左右。这一系统的优点是能更充分地利用地下热水的热量，降低发电的热水消耗率；缺点是增加了设备的投资和运行的复杂性。

（3）闪蒸与双循环两级串联发电系统

该系统是前面的闪蒸系统与两级双循环系统的结合。

（三）地压地热发电

地压地热是指埋深在2～3 km以下的第三纪碎屑沉积物中的孔隙水，由于热储上面有盖层负荷，因而地热水具有异常高的压力，此外还具有较高温度并饱含着天然气。这种资源的能源由以下三方面所组成。

（1）高温水势能。

（2）高温地热能。

（3）地压水中饱含的甲烷等天然气的化学能。甲烷等天然气是该资源开发的主要目标。

利用地压地热发电的方案有多种。地热水在高压及低压分离器中将天然气分离出来送往用户或发电。高压地热水通过水力涡轮发电机组利用其势能来发电，然后高温地热水在一个双工质循环中再利用其热能来发电。

（四）干热岩地热发电

干热岩是由地球深处的辐射或固化岩浆的作用，在地壳中蕴藏的一种不存在水或蒸汽的高温岩体。地球上的干热岩资源占已探明地热资源的30%左右，其中距地表4～6 km岩体温度为200℃的干热岩具有较高的开采和利用价值。

利用干热岩发电与传统热电站发电的区别主要是采热方式不同。干热岩地热发电的流程为：注水井将低温水输入热储水库中，经过高温岩体加热后，在临界状态下以高温水、汽的形式通过生产井回收发电。发电后将冷却水排至注入井中，重新循环，反复利用。在此闭合回流系统中不排放废水、废物、废气，对环境没有影响。

天然的干热岩没有热储水库，需在岩体内部形成网裂缝，以使注入的冷水能够被干热岩体加热形成一定容量的人工热储水库。人工网裂缝热储水库可采用水压法、化学法或定向微爆法形成。其中，水压法应用最广，它是向注水井高压注入低温水，然后经过干热岩加热产生非常高的压力。在岩体致密无裂隙的情况下，高压水会使岩体在垂直最小的应力方向上产生许多裂缝。若岩体中本来就有少量天然节理，则高压水会先向天然节理中运移，形成更大的裂缝，其裂缝方向受地应力系统的影响。随着低温水的不断注入，裂缝持续增加、扩大，并相互连通，最终形成面状的人工热储水库，而其外围仍然保持原来的状态。由于人工热储水库在地面以下，因此需利用微震监测系统、化学示踪剂、声发射测量等方法监测，并反演出人工热储水库构造的空间三维分布。

从生产井提取到高温水、蒸汽等中间介质后，即可采用常规地热发电的方式发电，如前所述。

干热岩地热发电与传统能源发电相比，可大幅降低温室效应和酸雨对环境的影响。干热岩地热发电与核能、太阳能或其他可再生能源发电相比，尽管目前技术尚未成熟，但作为重要的潜在能源，已具备了一定的商业价值。在采用先进的钻井和人工热储水库技术条件下，干热岩地热发电比传统火力、水力发电更具有电价竞争力，届时干热岩地热资源将成为全球的主导能源之一。

第四节 地热发电技术发展规划

一、高温岩体发电技术

高温岩体发电的方法是打两口深井至地壳深处的干热岩层。一口为注水井，另一口为生产井。首先用水压破碎法在井底形成渗透性很好的裂带，然后通过注水井将水从地面注入高温岩体中，使其加热后再从生产井抽出地表进行发电，发电后的废水再通过注水井回灌到地下形成循环。

高温岩体发电在许多方面比天然蒸汽或热水发电优越。干热岩热能的储存量比较大，可以较稳定地供给发电机热量，且使用寿命长。从地表注入地下的清洁水被干热岩加热后，热水的温度高，由于它们在地下停留时间短，来不及溶解岩层中大量的矿物质，因此比一般地热水夹带的杂质少。据日本中央电力研究所估算，干热岩发电成本接近水力发电成本。但目前仅处在试验阶段。

这种发电方式的构想是美国新墨西哥州的洛斯-阿拉斯国立研究提出。在地面以下 3～4 km 处有 200～300℃ 高温的低渗透率的花岗岩体，通过注入高压水制造一个高渗透的裂隙带作为人工热储层。然后在人工储层中打一口注水井和一口生产井。通过封闭的水循环系统把高温岩体热量带到地面进行发电。洛斯-阿拉斯国立研究所在实验基地内钻的两口深度约为 3 km 的井，温度约为 200℃。这一循环发电试验进行了 286d，获得 3 500～5 000 kW 的热能，相当于 500 kW 电能。从而在世界上首次证实了这种方案的可行性。日本在岐阜县上郡肘折地区也进行了高温干热岩体的发电实验，与美国洛斯-阿拉斯国立研究所试验不同的是，它钻探了三口生产井，开始在深度为 1 800 m、温度为 250℃ 的干热岩中进行了为期 80d 的循环实验，估计得到 8 000 kW 的热能。

二、岩浆发电技术

岩浆发电就是把井钻到岩浆囊，直接获取那里的热量进行发电。美国在圣地亚研究所进行了技术的可行性研究，至目前为止，仅在夏威夷用喷水式钻头钻探到温度为 1020～1 170℃ 的岩浆囊中（进入岩浆囊深 29 m）。

三、联合循环地热发电技术

不同的地热发电技术，其进行单一的使用时会具有较低的循环效率，且通常在 20% 以下，这主要是由于存在较多的具有较高温度的尾水无法被有效利用。这就需要在未来的地热资源发电技术的发展中，将不同的发电技术进行综合利用。采用联合循环的方式不仅可以对地热资源中的高温部分进行有效利用，而且实现对其低温部分的有效利用，最大限度地提高对地热资源的利用，甚至是可以将地热资源与其他的太阳能等资源进行结合来利用。

四、低温地热资源发电技术

在已探明的地热资源中，低温地热资源占据大多数，所以未来可以对卡琳娜循环发电技术进行深入研究和应用，发挥其可以对低温地热资源进行利用的优势，通过对其发电系统中的氨和水的比例进行优化来降低其对环境的影响，提高对低温地热资源的利用效率。

五、对中深层的地热资源进行利用

现代岩浆在地壳内广泛存在,其向上运动的过程中会与中深层的水进行耦合并形成具有较高热能的地热资源。此种资源通常位于距地面3~10 km的位置,而且温度可以达到200℃以上,还具有较高的储量,此外,由于其具有较低的回灌要求以及较低的地下水矿化度,所以便于对其进行利用。

参考文献

[1]沈润夏，魏书超.电力工程管理[M].长春：吉林科学技术出版社，2019.

[2]杨太华，汪洋，张双甜，等.电力工程项目管理[M].北京：清华大学出版社，2017.

[3]冯斌，孙赓.电力施工项目成本控制与工程造价管理[M].北京：中国纺织出版社，2021.

[4]刘念，吕忠涛，陈震洲.电力工程及其项目管理分析[M].沈阳：辽宁大学出版社，2018.

[5]盖卫东.电力工程项目管理与成本核算[M].哈尔滨：哈尔滨工业大学出版社，2015.

[6]刘树森.配电网规划设计技术[M].沈阳：辽宁大学出版社，2017.

[7]李立涅，郭剑波，饶宏.智能电网与能源网融合技术[M].北京：机械工业出版社，2018.

[8]钱显毅，张刚兵.新能源及发电技术[M].镇江：江苏大学出版社，2019.

[9]孙瑞娟.新能源发电技术与应用[M].北京：中国水利水电出版社，2020.

[10]韩巧丽，马广兴.风力发电原理与技术[M].北京：中国轻工业出版社，2018.

[11]褚景春.海洋潮流能发电技术与装备[M].北京：电子工业出版社，2020.

[12]唐志伟，王景甫，张宏宇.地热能利用技术[M].北京：化学工业出版社，2018.